農政トライアングルの崩壊と官邸主導型農政改革

安倍・菅政権下のTPPと農協改革の背景

明治大学 農学部 教授

作山 巧

農林統計協会

まえがき

　2013年2月、農水省の国際交渉官だった筆者は、第2次安倍政権が発足して初めての日米首脳会談に対応するため、米国ワシントンに出張した。オバマ大統領との会談のテーマは、それまでの民主党政権下で国論を二分してきた日本の環太平洋パートナーシップ（TPP）交渉への参加である。会談では、日本のTPP交渉参加に向けて両首脳が合意したが、ワシントンで感じた違和感は、25年間の官僚生活の中で最も強烈なものだった。安倍首相が米国に向かう機内で米国から提示された日本のTPP交渉への参加条件や、会談後に発表された日米共同声明を含めて、農業への言及があるにもかかわらず、農水省の事務方には全く相談がなかったからである。

　筆者は翌月に退官したが、その後も第2次安倍政権下では、「数十年ぶり」と称される農林水産分野の改革が矢継ぎ早に実施された。その代表例としては、米の生産調整（いわゆる減反）の廃止、TPP協定、包括的・先進的TPP協定（CPTPP協定）、日EU経済連携協定（日欧EPA）、日米貿易協定といった大型貿易協定の締結、全国農業協同組合中央会（全中）の解体や全国農業協同組合連合会（全農）の改革を含む農協改革、生乳流通改革、主要農作物種子法の廃止、林業改革、漁業改革といったものが挙げられよう。今から振り返ると、筆者が体験したのは、「安倍一強」の下で続いた官邸主導型農政改革の端緒に過ぎなかったのである。

　本書は、こうした第2次安倍政権下の農政改革の中でも、最も早い段階で取り組まれたTPP協定と農協改革に焦点を当て、それらが実現した背景を明らかにする。全品目の関税撤廃を原則とするTPP交渉への参加に対しては、農水省や農協だけでなく、政権復帰前の自民党も反対していた。また、農協改革の中でも、農協の政治運動の中心である全中の解体は、それまでの自民党農林族議員と農協との蜜月関係からは考えられないものだった。このよう

に、TPPと農協改革は、農政を牛耳ってきた農林族議員、農水省、農協とい
う政官業の「鉄の三角形」を打破する出来事で、第2次安倍政権下の農政改
革の象徴といえよう。しかし、TPPや農協改革といった個別の事例を扱った
論考は多いものの、第2次安倍政権の農政改革全体を視野に入れて、それが
実現した構造的で根源的な背景を明らかにした著作は見当たらない。

　その上で、本書の特徴は以下の2点である。まず、その主眼はTPPや農協
改革の賛否ではない。両者は大きな論争を呼び、すでに賛否を扱った類書も
多い。また、双方ともに関係する条約や法律が国会で承認され、実施に移さ
れていることから、賛否を議論する段階は終わっている。他方で、その影響
や効果の事後的な検証は必要だが、それには一定の実施期間が必要である。
これに対して、第2次安倍政権下で農政改革が実現した背景は未解明で、現
時点で取り組む意義は大きい。まず、改革の決定から一定期間が経過し、検
証に必要な材料が出そろいつつある。また、農政改革の賛否は規範的な問題
で、論者の主観に左右されるのに対して、その背景の解明は実証的な問題で、
より客観的に検証できる。このため、政策改革が進展する一般的な条件が明
らかとなり、他の分野にも適用可能な知見が得られる。ただし、他章と明確
に区別した上で、第7章では農政改革の功罪に関する筆者の評価を示した。

　また、農政改革の背景を明らかにする方法として、既存の文献を含むデー
タを重視する。本書のような課題への接近方法には当事者へのインタビュー
を含む証言の活用もあり、本書でも他書の成果を引用している。他方で、「何
が起こったのか」という事実の解明ではなく、「なぜ起こったのか」という原
因の解明には、エピソードの積上げだけでは不十分である。第2次安倍政権
下で農政改革が実現した原因は多数あり、その中には当事者ですら認識して
いない原因もありえる。このように、原因と結果との関係を明らかにする因
果推論を正しく行うには、事例の選択や比較の方法といった定性的な分析手
法の会得が欠かせない。つまり本書は、他の文献での当事者の証言等も活用
しつつ、因果推論の手法と長期的なデータを重視することによって、第2次
安倍政権下で農政改革が実現した背景を明らかにする点に特徴がある。

　農政改革は、史上最長となった第2次安倍政権を象徴する取組みであった。

このため本書は、農業政策に関心のある読者だけでなく、安倍政権の功罪について改めて考えたい読者や、日本の政治や行政における政策決定に関心がある読者の興味にも応えうると考えている。そのために、農業や農政の予備知識が乏しい読者に配慮し、TPPを含めた農産物貿易自由化（第 2 章）や農協改革（第 4 章）について、それぞれ 1 章を設けて基本的な用語や過去の経緯を含めて平易に解説した。また、読者の理解を助けるために、多くの図表も盛り込んだ。他方で、課題への接近方法（第 1 章）、適切な事例の比較（第 3 章と第 5 章）、農政改革の構造的・根源的な背景（第 6 章）については、読みやすさにも配慮しつつ、証拠に基づく客観的な分析を心がけた。

　ここで、本書の副題を「安倍・菅政権」とした理由を説明しておきたい。すでに述べたように、本書の対象は「第 2 次安倍政権下の農政改革」である。つまり、「安倍・菅政権」というのは、第 2 次安倍政権の後に成立した菅政権ではなく、安倍晋三首相と菅義偉官房長官からなる第 2 次安倍政権を指している。ではなぜ、わざわざ「菅政権」という表現を加えたのか。それは、第 2 次安倍政権では、一定の内政分野や副大臣以下の人事等は菅に一任され、TPPの国内調整や農協改革にも菅が深く関与しているからである。特に、第 2 次安倍政権下での官邸主導の一因として、首相官邸による官僚人事の掌握がよく挙げられるが、その場合の首相官邸とは主に菅を指す。

　なお、文献やデータの出典に関する表記方法は以下の通りである。まず、公知の事実については、煩雑さを避けるため出典は示していない。他方で、特定の文献に基づく記述については出典を脚注で明記し、直接的な引用については、本文中でかぎ括弧で括った上で脚注に出典を示した。また、図表の出典については、文献の場合は「作山（2021）」のように略記し、詳細な書誌情報を巻末の引用文献に示す一方で、官公庁の統計やウェブサイト上のデータの場合には、図表の下にそのまま表記した。

目　　次

まえがき ……………………………………………………………………… i

第1章　本書の課題と接近の方法 ……………………………………… 1
　1．本書の課題 ………………………………………………………… 2
　2．接近の方法 ………………………………………………………… 3
　3．本書の構成 ………………………………………………………… 6

第2章　農産物貿易自由化の経過 ……………………………………… 9
　1．日本の農産物貿易の特徴 ………………………………………… 10
　2．ガット・WTOでの貿易自由化：1990年代まで ……………… 13
　3．FTA・EPAによる貿易自由化：1990～2000年代 …………… 15
　4．メガFTAによる貿易自由化：2010年代 ……………………… 20
　5．まとめ ……………………………………………………………… 25
　コラム1　日米貿易協定は国際ルール違反か ……………………… 26

第3章　安倍政権下のTPP妥結の要因 ……………………………… 29
　1．日豪EPAとTPP協定の比較 …………………………………… 30
　2．日豪EPA交渉の政策過程 ……………………………………… 31
　3．TPP交渉の政策過程 …………………………………………… 33
　4．まとめ ……………………………………………………………… 37
　コラム2　TPP合意は国会決議違反か ……………………………… 39

第4章　農協改革の経過 ……………………………………………… 41
　1．農協の概要と問題点 ……………………………………………… 42

　2．農水省主導の農協改革：1992～2004 年 ………………… 47
　3．規制改革会議による農協改革の提言：2001～2012 年 ……… 49
　4．官邸主導の農協改革：2013～2016 年 ………………… 57
　5．まとめ ………………………………………… 61

第5章　安倍政権下の農協改革の要因……………… 63
　1．小泉政権と第 2 次安倍政権の比較 ………………… 64
　2．小泉政権下の農協改革 ………………………… 65
　3．第 2 次安倍政権下の農協改革 ………………… 67
　4．まとめ ………………………………………… 68
　（コラム 3）農協改革と奥原正明 ………………… 71

第6章　安倍政権下の農政改革の背景……………… 73
　1．農政改革の背景に関する 3 つの仮説 ………………… 74
　2．農業の構造変化 ……………………………… 75
　3．統治機構改革 ………………………………… 83
　4．安倍首相の理念 ……………………………… 101
　5．まとめ ………………………………………… 106
　（コラム 4）森山裕の言動と選挙制度改革 ……………… 110

第7章　官邸主導型農政改革の功罪と展望……………… 111
　1．官邸主導型農政改革の功罪 ………………… 112
　2．官邸主導型農政の展望 ………………………… 114

あとがき ………………………………………… 117
引用文献 ………………………………………… 119
索引 …………………………………………… 122
著者紹介 ………………………………………… 125

第1章　本書の課題と接近の方法

　この章では、本書の課題と接近方法について説明する。本書の課題は、第2次安倍政権下で、全品目の関税撤廃を原則とするTPP協定への参加や全中解体を含む農協改革といった大胆な農政改革が実現した要因を明らかにすることである。政策変更を説明する枠組みとして、自民党農林族議員、農水省、農協からなる「鉄の三角形モデル」から、首相官邸がこれら3者を統制する「官邸主導モデル」への転換を提示する。その上で、そうした転換が実現した要因を特定する手法として、政策決定過程の長期的なトレースと、小泉政権と第2次安倍政権のように、共通点が多いものの農政改革の帰結が異なる事例の比較について説明する。

1．本書の課題

　2020年9月に幕を閉じた安倍晋三首相の第2次政権は、8年近く続いた憲政史上最長の長期政権だった。しかし、在任期間が長い割には、レガシー（政治的遺産）が乏しいとの指摘が多い。確かに、特定秘密保護法や安全保障関連法といった外交・安全保障面での成果に言及されることは多い。他方で、内政面では、「大胆な金融政策」、「機動的な財政政策」、「民間投資を喚起する成長戦略」の「三本の矢」からなるアベノミクスを推進したものの、その成果は芳しくない。とりわけ、金融政策と財政政策に対しては一定の評価がなされているものの、規制緩和を中心とする成長戦略については、踏み込み不足との指摘が多い。事実、第2次政権の発足時に約束した2％の物価上昇率や3％の経済成長率の目標は、達成されないままだった。

　これらと対照的なのが、環太平洋パートナーシップ（TPP）交渉参加や農協改革を含む一連の農林水産分野の改革である。まず、TPP協定については、2012年末の第2次政権発足からわずか3ヶ月で交渉参加を決定し、2015年に妥結に至った。その後、2017年の米国の離脱によってTPP協定は発効しなかったが、米国を除く11カ国によるCPTPP協定を主導し、2018年末に発効させた。また、2019年には日欧EPA、2020年には日米貿易協定も発効した。この間の日本の主な関心事は農産品関税の撤廃で、大型貿易協定の締結は農政改革と表裏一体である。また、農協改革については、農協の政治運動の総本山である全中を解体し、全農を含む改革を矢継ぎ早に進めた[1]。さらに、2017年の国会では8本、2018年の国会では9本の農林水産省所管の法律を改正し、農業に加えて林業・漁業分野の改革も進めた。

　第2次安倍政権による一連の農政改革は、これまでの政策決定に関する既成概念をことごとく覆すものだった。農業政策は、政官業の「鉄の三角形」を構成する自民党農林族議員、農水省、農協の合意で決まるのがそれまでの常識だった。その背景には、自民党は地方に依存した政党で、その主要な産業である農業者の利益を損なうような政策はタブーとの固定観念があった。また、農家の集票団体でもある農協は、日本医師会等と並ぶ最強の圧力団体で、自民党の伝統的な支持母体でもあることから、その利益を損なう改革は

できないと考えられた。さらに、農協の支援を受けた農林族議員は、自民党内でも最強の族議員集団で、首相といえどもその意向を無視することは困難とされた。にもかかわらず、従来の自民党政権がなし得なかった大胆な農政改革について、第2次安倍政権が矢継ぎ早に実施できた理由は解明されていない。

２．接近の方法

　第2次安倍政権下で農政改革が実現した要因を明らかにするには、適切な分析手法が必要となる。その要素としては、①農政改革に関係する主体の特定、②主体間の相互関係の特定、③原因と結果の因果関係の特定手法、が挙げられる。まず、分析の対象とすべき主体を特定する。TPP協定は国際条約で、農協改革も法律改正を伴うことから、両方とも最終的には国会での承認が必要となる。法案を国会に提出するためには、行政府内では、法案を閣議決定する際の首相官邸や関係省庁の合意が必要で、事前審査権を持つ与党の自公両党内では、関係する部会等での了承も欠かせない。この点で、農業政策に関する政官業の最も重要な主体は、官界（行政府）では首相官邸と農水省、政界（与党）では自民党の農林族議員、業界では農協であろう。

　次に、主体間の相互関係について検討する。政策決定に関与する政官業の相互依存関係を表す枠組みとして、いわゆる 55 年体制下で有力だったのは「鉄の三角形モデル」である。図表1-1には、農業政策の決定に関する主体と相互関係を示した。まず、農林族議員と農協の間には、①農協が選挙での当選に必要な票を農林族議員に提供し、②農林族議員が農協の意を受けて行政に介入する、という共生関係がある。また、農林族議員と農水省との間には、③農林族議員が予算獲得の支援や人事での威嚇等を通じて農水省に影響力を発揮し、④農水省は補助金の配分や情報の提供等で農林族議員に便宜を提供する、という共生関係がある。さらに、農水省と農協の間には、⑤農水省が農協に対して保護を提供し、⑥農協は農水官僚に対して天下り先等のポストを提供する、という共生関係がある。日本の農業政策におけるこれら3者のもたれ合い構造は、「農政トライアングル」とも呼ばれる[2)]。

4

図表1-1　鉄の三角形モデル

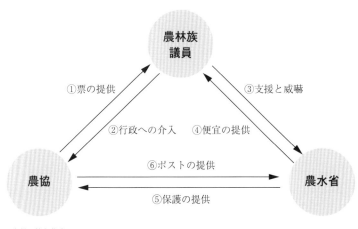

①票の提供　③支援と威嚇

②行政への介入　④便宜の提供

⑥ポストの提供

⑤保護の提供

農林族議員

農協

農水省

資料：筆者作成

　これに対して、小泉純一郎政権や第2次安倍政権における首相主導の政策決定の要因とされるのが「官邸主導モデル」である[3]。図表1-2には、これを農業政策に適用し、首相官邸と農政トライアングルとの関係を示した。その上で、第2次安倍政権下で官邸主導の農政改革が実現した要因に関する通説は、以下のようなものである。まず、⑦農林族議員は、1994年の政治改革を受けて、自民党総裁が持つ選挙での公認権や政党交付金の配分権が強まり、それによって政府・与党内での人事権も強まったことから、首相官邸に服従するようになった。また、⑧農水省は、2014年に創設された内閣人事局を通じて、首相官邸が各省庁の幹部人事を一元管理するようになったことから、首相官邸に服従するようになった。さらに、⑨農協は、2001年の行政改革に伴う官邸機能の強化によって、首相官邸が農水省を介さずに自ら農協改革を主導できるようになったことから、首相官邸に服従するようになった。

　農政改革が、鉄の三角形モデルでは進まないのに対して、官邸主導モデルで進むと考えられるのは、拒否権プレイヤーの数の違いによる。ここで「拒否権プレイヤー」とは、政策を変更する際に同意を必要とする主体を言う[4]。まず、鉄の三角形モデルでは、ある主体が他者に政策変更を強いることはで

図表1-2　官邸主導モデル

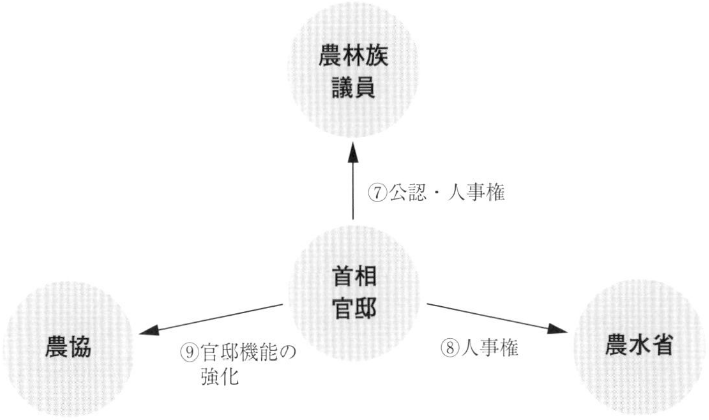

資料：筆者作成

きない。例えば、農林族議員が農協の依頼を受けて農水省に介入しようとしても、農水省は職務権限で農協に制裁を加えて介入を排除することもできる。つまり、鉄の三角形モデルでは、3者共に他者に反撃する手段を持ち、全員の合意がない限り政策は変更されないことから、全員が拒否権プレイヤーである。他方で、首相官邸モデルでは、農林族議員、農水省、農協は首相官邸に反撃する手段がなく、その決定を甘受するしかない。つまり、首相官邸が唯一の拒否権プレイヤーであるため、大胆な政策変更が可能となる。

　ここで重要なのは、拒否権プレイヤーか否かは、法令等に基づくとは限らないという点である。例えば、第2次安倍政権下の官邸主導の一因として、2014年の内閣人事局の創設を挙げる向きが多い。つまり、首相官邸が官僚の人事に対する拒否権を持ったために、官僚が首相官邸に追従するようになったという説明である。しかし実際には、各省庁の幹部人事を官房長官等が審査する閣議人事検討会議は1997年にすでに設置されていた。つまり、首相官邸はずっと前から制度上は拒否権を持っていたが、それを行使しなかったため、実質上は拒否権プレイヤーと認識されていなかった。他方で、有力な族議員による各省庁の幹部人事への介入例は多く、それは族議員が法案等の事

前審査権という事実上の拒否権を持っているため、それと絡めることで影響力を行使することができるからである。このように、「同意を得ないと物事が進まないと他者から認められる主体」が拒否権プレイヤーなのである。

　鉄の三角形モデルから官僚主導モデルへの転換は、第2次安倍政権下での農政改革に関する有力な説明だが、必ずしも十分とは言えない。例えば、政治改革が合意されたのは1994年、行政改革が実施されたのは2001年である。また、内閣人事局についても、各省庁の幹部人事は1997年から官邸での事前審査が行われてきた。つまり、2000年代初頭には、官邸主導モデルの制度的な条件は整っていたにもかかわらず、それまでの政権は第2次安倍政権のような大胆な農政改革に着手しなかった。このように、統治機構改革のような制度変化のみで農政改革を説明するのは無理があり、農業の構造変化や安倍首相の理念といった、他の要因も考慮する必要があろう。要するに、他の政権と比較して、第2次安倍政権のみが大胆な農政改革を実施した理由を明らかにしない限り、本書の疑問に答えたことにはならない。

　そこで本書が用いる分析手法は以下の2点である。第1は、長期の期間を対象に、政策決定の経緯を詳細にトレースすることである（政策過程分析）。上記の例が示すように、政策変更は制度変化のような単一の要因ではなく、複数の要因が絡み合いつつ、歴史的な経緯を踏まえてなされるからである。第2は、異なる政権を比較することである（比較事例分析）。例えば、農協改革は小泉政権下の2005年にも提起されたが、尻すぼみに終わった。小泉政権と第2次安倍政権は、統治機構改革の実施後に成立し、官邸主導を体現したという共通点があるにもかかわらず、大胆な農協改革は前者では実現せず後者では実現した。したがって、小泉政権と第2次安倍政権のように、共通点が多い一方で政策の帰結が異なる政権を比較した上で違いを特定すれば（差違法）、後者で農協改革が実現した要因が明らかになると考えられる。

3．本書の構成

　本書は全7章から成る。第2章では、戦後の農産物貿易自由化の経過を要約した上で、第3章では、第2次安倍政権下でTPP交渉が妥結した理由につ

いて、第1次安倍政権下の日豪EPAとの比較を通じて明らかにする。第4章では、1990年代以降の農協改革の経過を要約した上で、第5章では、第2次安倍政権下で農協改革が実現した理由について、小泉政権下の農協改革との比較を通じて明らかにする。第6章では、第2次安倍政権下で農政改革が実現した構造的で根源的な背景について、農業の構造変化、統治機構改革、安倍首相の理念という3つの仮説を検証する。第7章は、第2次安倍政権下の官邸主導型農政改革の功罪について評価した上で、今後の展望を述べる。

注

1) 第2次安倍政権における農協改革の詳細は第4章で説明するが、本書では、全中が農協法上の位置づけを失ったことを「全中の廃止」と呼び、それと監査権限の全中からの分離を併せて「全中の解体」と呼ぶ。
2) 山下（2009）を参照。
3) 本書では、首相を筆頭として首相官邸に常駐する政治家や官僚が政策決定を主導するという意味で「官邸主導」を用いており、官僚ではなく与党の政治家が政策決定を主導する「政治主導」とは使い分けている。
4) ツェベリス（2009）の2ページ。

第2章　農産物貿易自由化の経過 [1]

　この章では、戦後の農産物貿易自由化の経過を概観する。TPP協定は貿易自由化を進める国際協定の一種だが、それが日本で大きな論争を呼んだ理由を理解するためには、日本の貿易構造や貿易交渉の経緯に関する知識が欠かせない。このため、日本の農産物貿易の特徴を要約した上で、①ガットや世界貿易機関（WTO）での多国間での貿易自由化、②自由貿易協定（FTA）や経済連携協定（EPA）による二国間での貿易自由化、③TPP協定のようなメガFTAによる大国間での貿易自由化、の順に貿易交渉の経過を説明する。これによって、日本がそれまで締結してきたEPAとTPP協定との違いや、TPP協定の農業に対する影響の程度が明らかになる。

1．日本の農産物貿易の特徴

　貿易交渉における日本の姿勢を理解するために、まずは日本の貿易構造の説明からはじめたい。図表2−1には、日本の貿易収支額の推移を農林水産品と鉱工業品に分けて示した。鉱工業品では、輸出額が輸入額よりも多い年が大半で、貿易収支はおおむね黒字となっている。これに対して農林水産品では、輸入額が輸出額を常に上回っており、貿易収支はずっと赤字である。2020年では、鉱工業品が8.4兆円の黒字、農林水産品が7.7兆円の赤字で、貿易収支はプラスとなっている。最近は、農林水産品の輸出額の増加が喧伝されているものの、2020年の輸出額が0.9兆円なのに対し、輸入額は8.7兆円とその9倍以上もあり、日本が圧倒的な農林水産品の純輸入国であることには変わりがない。

　日本が農林水産品の純輸入国であることは、農林水産業の国際競争力が弱

図表2−1　日本の分野別貿易収支額の推移

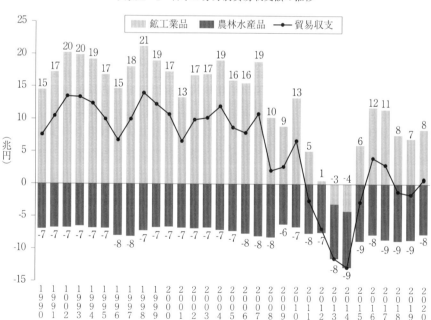

資料：財務省「貿易統計」、農林水産省「農林水産物輸出入統計」を基に筆者作成

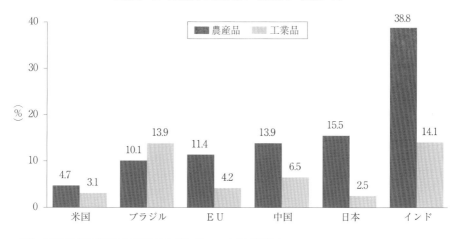

図表 2 - 2　主要国の分野別平均関税率（2019 年）

資料：WTO/ITC/UNCTAD (2020) *World Tariff Profiles 2020* を基に筆者作成

いことを意味する。このため日本は、競争力が乏しい農産品に高い関税を課すことによって、安い輸入品から国内産業を保護している。図表 2 - 2 には、主要な先進国と新興国の平均関税率を分野別に示した。これによれば、日本の平均関税率は、工業品では 2.5％と 6 カ国中で最も低いのに対して、農産品では 15.5％と 6 カ国中でインドに次いで 2 番目に高い。もちろん、競争力が弱い産業を関税で保護するのは日本に特有ではなく、インドのように農産品も工業品も高い関税で保護している国もある。しかし日本には、新興国よりも関税の削減が総じて進んでいる先進国であるにもかかわらず、競争力が高い工業品と低い農産品とのギャップが大きいという特徴がある。

　では、日本の農業は他国と比べてどれほど保護されているのだろうか。図表 2 - 3 には、主要先進国における農業保護額の推移を示した。ここで「農業保護額」とは、関税による保護と補助金による保護から成る。関税を課すことによって輸入後の国内価格は上昇することから、関税による保護額は、関税を課す前の輸入価格と関税を課した後の国内価格との差である内外価格差に国内生産量をかけ合わせることで求められる。他方で、補助金による保護の代表例は直接支払いで、政府から農業者に対する支給額が保護額となる。

図表2-3　主要先進国における農業保護額の推移

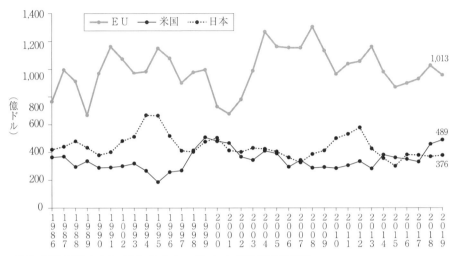

資料：OECD (2020) *Agricultural Policy Monitoring and Evaluation 2020* を基に筆者作成

　EUや米国の農業保護額は、過去30年間で横ばいか増加傾向にあるのに対して、日本の農業保護額は、1980年代後半の450億ドル程度から2010年代末には370億ドル程度へと減少している。

　しかし、貿易交渉で問題となるのは、農業保護の大きさではなくその構成である。後述するように、特定国間のFTAで削減や撤廃が求められるのは関税であり補助金ではない。そこで図表2-4には、主要先進国における関税保護割合の推移を示した。ここで「関税保護割合」とは、図表2-3に示した農業保護額に占める関税による保護額の割合である。関税保護割合は、EUや米国では過去30年間で大幅に低下し、最近では約2割に過ぎないが、日本ではあまり低下せず、最近でも約8割を占めている。つまり、EUや米国は、農業保護額は大きいものの、その多くは補助金であるため、関税を削減しても農業保護は維持されるのに対して、関税による保護が大半を占める日本は、その削減が農業保護の減少に直結するという違いがある。

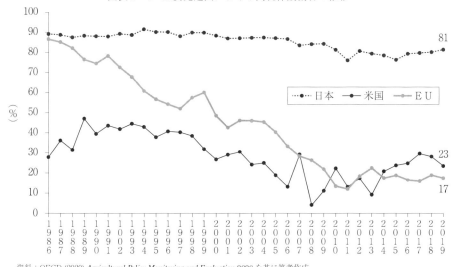

図表 2-4　主要先進国における関税保護割合の推移

資料：OECD (2020) *Agricultural Policy Monitoring and Evaluation 2020* を基に筆者作成

2．ガット・WTOでの貿易自由化：1990年代まで

　戦後の世界の貿易自由化は、長期にわたってガット（GATT）が中心的な役割を担ってきた。ガットは、「関税と貿易に関する一般協定」の略称で、農産品を含む物品の貿易ルールを定めた国際協定である。ガットは 1948 年に 23 カ国で発足し、日本は 1955 年に加盟した。ガットの役割は、①関税その他の貿易障害の実質的な低減、②国際通商における差別待遇の撤廃、である。また、それを実現する上でガットに内在する基本原則としては、①関税の上限を設定後はそれ以上に引き上げない「関税の譲許」、②国内産業保護の国境措置は関税に限定する「数量制限の禁止」、③異なる相手国間の差別を禁止する「最恵国待遇」、④関税以外での輸入品と国産品の差別を禁止する「内国民待遇」の 4 つがある。

　1948 年の発足の前後から、ガットではラウンドと呼ばれる加盟国間の貿易交渉が繰り返し行われてきた。図表 2-5 には、1995 年にガットが世界貿易機関（WTO）へ改組された後に開始されたドーハ・ラウンドも含めて、これまでのラウンドの経過を示した。初回から第 6 回のケネディ・ラウンドまで

図表2-5　ガット・WTOにおけるラウンドの経過

名称	交渉期間	参加国数	工業品	農産品
ジュネーブ	1947	23	対象	
アヌシー	1949	13	対象	
トーキー	1951	38	対象	
ジュネーブ	1956	26	対象	
ディロン	1960-61	26	対象	一部対象
ケネディ	1964-67	74	対象	一部対象
東京	1973-79	82	対象	一部対象
ウルグアイ	1986-94	93	対象	対象
ドーハ	2001-	151	対象	対象

資料：外務省ウェブサイトを基に筆者作成

の主な対象は工業品の関税削減であった。また、ケネディ・ラウンドや東京
ラウンドでは、輸出国による不当な安売りに対抗して輸入国が発動する反ダ
ンピング措置、国内補助金、基準・認証制度といった非関税措置に対する協
定も整備された。他方で、農産品については、ラウンドの主役だった米国や
欧州諸国が、輸入数量制限や輸出補助金を含む様々な農業保護を行っており、
東京ラウンドまでは、農産物の貿易自由化は緩慢だった。

　工業品の関税削減が先行する一方で、農産品に対する規律が緩いガットの
ラウンドは、工業品の輸出国で農産品の競争力が弱い日本にとっては好都合
だった。図表2-2において、多くの国で農産品の関税率が工業品より高いの
は、こうした経緯を反映している。それでも日本は、国際機関への加盟、ガッ
トのラウンド、米国との二国間交渉等を契機に、農産物貿易の自由化を徐々
に進めてきた。その象徴が、本来はガットで禁止されている数量制限の撤廃
である。図表2-6には、農林水産品の輸入数量制限品目数の推移を示した。
日本がガットに加盟した1955年時点では、日本は農産品を中心に多くの品目
で輸入数量制限を行っていたが、その後徐々に削減した。特に、ウルグアイ・
ラウンドでは、最終的に全ての農産品の数量制限を撤廃して関税に転換し、
本書の執筆時点で残っているのは、海藻等の水産品5品目のみとなった。

図表2−6　農林水産品の輸入数量制限品目数の推移

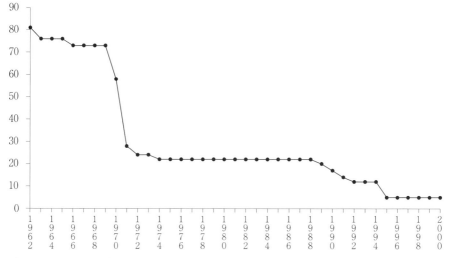

資料：農林水産省（2011）『平成22年度食料・農業・農村白書』を基に筆者作成

3．FTA・EPAによる貿易自由化：1990〜2000年代

　1990年代になると、特定国間で関税を撤廃するFTAが活発になった。図表2−7には、世界のFTAの発効件数を示した。FTAは1990年代以降に急増し、2019年末の累積件数は320件に達した。その主因は、欧州や北米での地域経済統合である。欧州では、域内の関税を全廃する関税同盟の欧州共同体（EC）が、1987年に欧州単一議定書を発効させ、関税以外の障壁の除去による1992年までの共通市場を目指した。また、北米では、米国が1989年にカナダとFTAを締結し、1994年にはメキシコも参加した。さらに、FTA急増の背景には、多国間交渉の難航もある。ウルグアイ・ラウンドは8年を要し、新ラウンドの開始を目指した1999年のWTOシアトル閣僚会議も決裂した。このように、欧州や北米が地域内での貿易自由化を進める中で、WTO交渉の難航が予想されたことで、FTAの締結に拍車がかかった。

　ただし、各国はFTAを好き勝手に締結できるわけではない。なぜなら、例えば日本が米国とFTAを締結して相互に関税を撤廃する一方で、中国とは締結しないとすると、日本が米国産品に課す関税は中国産品より低くなるため、

図表 2−7　世界のFTAの発効件数

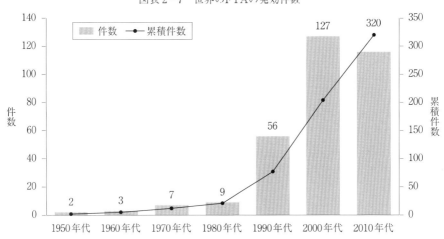

資料：日本貿易振興機構「世界と日本のFTA一覧」（2019 年 12 月）を基に筆者作成

異なる相手国間の差別を禁止するガットの「最恵国待遇」に違反する。この
ためガットでは、FTAを締結する際に満たさなければならない要件として、
「実質上全ての貿易について、妥当な期間内に、参加国間で関税等を撤廃す
ること」を求めている（ガット 24 条）。ただし、ガットにその具体的な基準は
明記されておらず、「実質上全ての貿易」については「貿易額の 90％以上」、
「妥当な期間内」については「協定の発効から 10 年以内」というのが、WTO
加盟国の一応の共通認識とされている。

　日本のEPAの締結状況は図表 2−8 に示したとおりで、本書の執筆時点で
19 のEPAが発効している。日本のEPAの展開は、以下の 4 つの期間に分け
られる。第 1 期は森政権から小泉政権にかけての 2001〜2003 年で、EPAの
方針や対象国の基準は存在せず、相手国の要請で交渉に着手した。ただし、
農産品の追加的な関税撤廃は想定されず、農産物の輸出大国は対象外とされ
た。第 2 期は小泉政権下の 2004〜2006 年で、EPAの方針や対象国の基準が
確立されたことを受けて、工業品の関税率が高く、日本企業も多く進出して
いる東南アジア諸国を主な対象とする一方で、農産物の輸出大国は引き続き
対象外とされた。第 3 期は第 1 次安倍政権から民主党の野田政権にかけての

図表 2-8　日本のEPAの締結状況

交渉開始時の首相	相手国・地域	交渉開始	交渉妥結	協定署名	協定発効
森　　喜朗	シンガポール	2001.1	2001.10	2002.1	2002.11
小泉純一郎	メキシコ	2002.11	2004.3	2004.9	2005.4
	韓国	2003.12			
	マレーシア	2004.1	2005.5	2005.12	2006.7
	タイ	2004.2	2005.9	2007.4	2007.11
	フィリピン	2004.2	2004.11	2006.9	2008.12
	ASEAN全体	2005.4	2007.8	2008.3	2008.12
	インドネシア	2005.7	2006.11	2007.8	2008.7
	チリ	2006.2	2006.9	2007.3	2007.9
	ブルネイ	2006.6	2006.12	2007.6	2008.7
	湾岸協力理事会	2006.9			
安倍　晋三	ベトナム	2007.1	2008.9	2008.12	2009.10
	インド	2007.1	2010.9	2011.2	2011.8
	豪州	2007.4	2014.4	2014.7	2015.1
	スイス	2007.5	2008.9	2009.2	2009.9
麻生　太郎	ペルー	2009.5	2010.11	2011.5	2012.3
野田　佳彦	モンゴル	2012.6	2014.7	2015.2	2016.6
	カナダ	2012.11			
	コロンビア	2012.12			
安倍　晋三	日中韓FTA	2013.3			
	EU	2013.4	2017.12	2018.7	2019.2
	RCEP協定	2013.5	2020.11	2020.11	
	TPP協定	2013.7	2015.10	2016.2	
	CPTPP協定	2017.7	2017.11	2018.3	2018.12
	米国	2019.4	2019.9	2019.10	2020.1
	英国	2020.6	2020.9	2020.10	2021.1

資料：日本貿易振興機構「世界と日本のFTA一覧」（2019年12月）等を基に筆者作成
　注：TPP協定の交渉開始の欄は、日本が交渉に参加した年月である。

2007〜2012 年で、対象国を先進国にも拡大し、農産物の輸出大国である豪州やカナダとの交渉を開始した。第 4 期は日本がメガFTA参加に舵を切った第 2 次安倍政権下の 2013 年以降で、その詳細は次節で後述する。

　日本がEPAを締結する際に農産物の輸出大国を避けてきたことは、日本の相手国別農産物輸入額割合の推移を示した図表 2-9 からも見て取れる。まず、第 1 期のEPAの対象国は、日本の農産物輸入額の上位国は含まれていない。

18

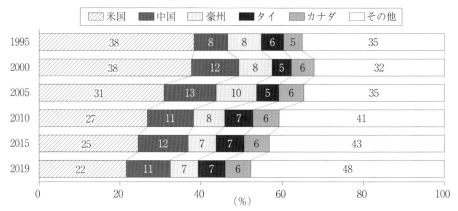

図表2-9　日本の相手国別農産物輸入額割合の推移

資料：農林水産省「農林水産物輸出入統計」を基に筆者作成

　また、第2期では、交渉開始時の農産物輸入額が第5位のタイとのEPAが締結されたが、経済協力を取引材料として米を始めとする農産品の重要品目を関税撤廃から除外した。他方で、第3期には、農産物輸入額が第3位の豪州や第5位のカナダとの交渉が開始された。特に、第1次安倍政権下で開始された豪州とのEPA交渉は、農産物の輸出大国を対象にしないとの従来の方針を翻して、官邸主導で交渉が開始された最初の例であることから、次章で詳しく検証する。さらに、第4期で日本が交渉参加したTPP協定については、農産物輸入額が第1位の米国を筆頭に豪州やカナダも含まれることから、次節で述べるように大きな論争を巻き起こした。

　では、日本のEPAでは関税撤廃率に関するガットの要件は達成されているのだろうか。図表2-10には、EPAにおける関税撤廃率の推移（貿易額ベース）を協定の発効順に示した。参加国が多いメガFTAではデータが得られない場合もあるが、2016年までに発効した二国間を中心とするEPAでは、合計の関税撤廃率はおおむね90％以上で、ガットの要件を満たしている。ただし、日米合計の関税撤廃率が34％に過ぎない日米貿易協定はその例外で、その詳細についてはコラム1で解説する。

図表2−10　EPAにおける関税撤廃率の推移（貿易額ベース）

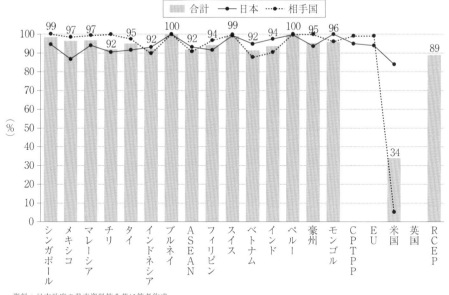

資料：日本政府の発表資料等を基に筆者作成
注：空欄はデータが得られないことを示す。

　次に、図表2−11には、EPAにおける日本の関税撤廃率の推移（品目数ベース）を示した。CPTPPより前に発効したEPAにおける日本の関税撤廃率は、農林水産品ではおおむね6割以下だが、全品目ではほぼ100％となっている。日本政府がガットの要件の基準としている貿易額ベースでは、仮に関税率が1％の品目が日本の輸入額の 20％を占めていた場合、その関税を撤廃するだけで関税撤廃率は 20 ポイント上昇する。これに対して品目数ベースでは、日本の約 9 千の関税細目のうち、関税率が 1％の品目の関税を撤廃しても、関税撤廃率は 0.01 ポイントしか上昇しない。つまり、以前のEPAでは、農林水産品の関税撤廃率が品目数ベースでは 6 割弱に過ぎなくても、輸入額が多い鉱工業品の大半の関税を撤廃することで、貿易額ベースでは 9 割の要件が満たされていた。TPP交渉参加前にEPAが注目を集めなかったのは、このように多くの農産品が関税撤廃から除外されていたためである。

図表2-11 EPAにおける日本の関税撤廃率の推移（品目数ベース）

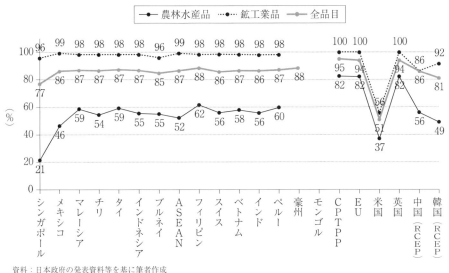

資料：日本政府の発表資料等を基に筆者作成
注：空欄はデータが得られないことを示す。

4．メガFTAによる貿易自由化：2010年代

　2001年に開始されたWTOのドーハ・ラウンドが2008年に決裂すると、主要国は多国間での貿易交渉に見切りをつけ、メガFTAが本格化した。ここで「メガFTA」とは、経済規模の大きいEU、米国、中国、日本のうち2つ以上が参加するFTAを言う。図表2-12に示したように、この基準に当てはまるメガFTAは、日EU経済連携協定（日欧EPA）、日米貿易協定、地域的な包括的経済連携（RCEP）協定、日中韓自由貿易協定（日中韓FTA）の4つである。なお、TPP協定は署名済みだが、その後の米国の離脱によって発効のめどは立っておらず、米国を除くCPTPP協定は発効済みだが、上記のメガFTAの要件を満たしていない。日本は現存する4つのメガFTAの全てに参加している。

　メガFTAのうち、日本で最も論争を呼んだのがTPP協定である。TPP交渉は、2010年3月に米国を含む8カ国が開始し、参加国は2012年6月までに11カ国に拡大した。民主党政権の菅直人首相は、2010年10月にTPP交渉へ

図表 2−12　メガFTAへの参加国

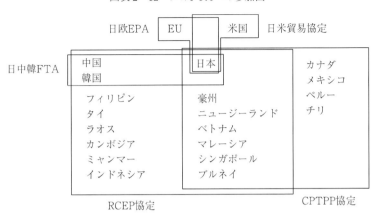

資料：日本政府の発表資料等を基に筆者作成
　　注：CPTPP協定はメガFTAではないが、TPP協定に準じることから含めた。

　の参加検討を表明したが、後任の野田佳彦首相は党内の反対で参加を決定できないまま、2012 年末の衆院選で敗北して退陣した。他方で自民党は、「『聖域なき関税撤廃』を前提とする限り、TPP交渉参加に反対」と公約したが、政権に復帰した安倍首相は、2013 年 2 月のオバマ大統領との会談で、「聖域なき関税撤廃」が前提でない旨を確認し、3 月に交渉参加を表明した。日本が 2013 年 7 月に参加した後のTPP交渉は、2015 年 10 月に大筋合意し、2016 年 2 月には協定に署名された。しかし、2017 年 1 月に就任したトランプ大統領の決定で米国が離脱したため、その発効は不可能になった。これを受けて、米国を除く 11 カ国は、2017 年 11 月にTPP協定をおおむね維持したCPTPP協定に大筋合意し、2018 年 3 月の署名をへて、同年末に発効した[2]。

　また、2019 年 2 月に発効した日欧EPAの経過は以下の通りである。日欧EPAは、2011 年に発効した韓国とのFTAでEUが韓国車への関税を撤廃し、それに伴うEU市場での日本車の劣後を回避するため、2008 年頃から日本がEUに打診したが、関税撤廃による日本車の流入を警戒するEU加盟国の反対もあって難航した。その後、日本のTPP交渉参加が濃厚となり、TPP協定参加国と比べて日本市場への輸出が不利になることを恐れたEUが態度を軟化

させ、2013 年 3 月に交渉開始に合意した。交渉はその翌月に始まり、2017年 12 月に最終合意に達し、2018 年 7 月に協定に署名された。その後、協定は日本とEUでの議会承認をへて、2019 年 2 月に発効した。日欧EPAは、TPP協定と同様に自由化水準の高い包括的な協定で、米国の離脱で未発効となったTPP協定に対して、発効に至った最初のメガFTAでもある。

　さらに、2020 年 1 月に発効した日米貿易協定の経過は以下の通りである。安倍首相は、CPTPP協定を推進する理由として、2018 年の国会審議時に、「TPP11（CPTPP協定）の早期発効が、TPPが米国にもプラスになるとの理解を深める力となる」と説明した。しかし、CPTPP協定や日欧EPAの発効で日本への農産物輸出で不利になる米国は、TPP協定には復帰せず、日本にFTAの締結を要求した。日本政府は当初は抵抗したものの、日本製自動車への関税引上げの脅しに屈し、安倍首相は 2018 年 9 月の日米首脳会談で、「今回の日米物品貿易協定（TAG）交渉は、これまで日本が結んできた包括的なFTAとは全く異なる」と述べ、交渉を受け入れた。しかし、日米貿易協定はFTAに他ならず、茂木外相も国会審議でその旨を認めている（コラム 1 を参照）。日米貿易協定は、2019 年 4 月の交渉開始からわずか 5 ヶ月で決着し、10 月の署名、12 月の日本の国会承認をへて、2020 年初に発効した。

　最後に、2020 年 11 月に署名されたRCEP協定の経過は以下の通りである。東アジア地域を対象とするRCEPは、東南アジア諸国連合（ASEAN）10 カ国と日本、中国、韓国、豪州・ニュージーランド、インドが別々に締結したFTAの集約を目指したものである。RCEP交渉は、2013 年の開始時には 2015 年末までの完了を目指していたが、期限の延長を毎年繰り返し、2019 年 11 月にほぼ合意に達した。しかし、その際にインドが離脱し、結局復帰しなかったことから、2020 年 11 月にインド抜きで署名された。RCEP協定は、対象分野は他のメガFTAと遜色がないものの、参加国は開発途上国が中心で、高水準の関税撤廃や新分野の先進的なルールは含まれていない。実際に、農産品の重要 5 品目（後述）は関税撤廃から除外され、初めて協定を締結する中国や韓国に対する農林水産品の関税撤廃率も、図表 2 - 11 に示したように 5 割程度と低いため、国内農業への影響はほぼないとみられている。

　CPTPP協定や日欧EPAの締結を契機に、図表 2 – 11 に示したように、日本
の農産品の自由化水準は大きく上昇した。具体的には、農林水産品の関税撤
廃率は、従来の 6 割以下から 8 割台へと大幅に上昇した。それまでのEPAで
日本が農産品の広範な関税撤廃を回避できていたのは、①交渉相手国は開発
途上国が多く、経済協力を取引材料に日本の農産品の自由化を抑制できたこ
と、②米国をはじめとする農産物の輸出大国との交渉を避けてきたこと、に
よる。これに対してTPP交渉の参加国には、米国、カナダ、豪州、ニュージー
ランドのような農産物輸出国が含まれており、遅れて参加した日本は関税撤
廃の原則の受け入れを余儀なくされたことから、農産品の広範な関税撤廃が
実現した。

　メガFTAにおける日本の農産品の重要 5 品目に関する約束内容は、図表 2
– 13 に示した。ここで「重要 5 品目」とは、日本のTPP交渉参加時に採択さ
れた国会決議で、「除外又は再協議」が求められた米、麦、牛肉・豚肉、乳製
品、砂糖を言う。従来のEPAでは、これらの重要 5 品目は約束からおおむね
除外されてきた。これに対して、CPTPP協定では、重要 5 品目の関税撤廃は
ほぼ免れたものの、多くの品目で低関税が適用される輸入枠を新設した。ま
た、牛肉では 38.5％の関税率を 2033 年度までに 9 ％へ削減することを約束し
た。更に、豚肉では、2027 年度までに、低価格品に課される従量税を 482 円
/kgから 50 円/kgに削減し、高価格品に課される 4.3％の従価税を撤廃するこ

図表 2 – 13　日本の重要 5 品目の約束内容

品目名	従来のEPA	CPTPP協定	日欧EPA	日米貿易協定
米	除外	豪州に輸入枠を設定	除外	除外
小麦	除外	国別輸入枠の設定	輸入枠の設定	輸入枠の設定
牛肉	除外	2033年度までに関税を9％へ削減		
豚肉	除外	2027年度までに低価格品に課される従量税を50円/kgに削減し、高価格品に課される従価税を撤廃		
乳製品 （バター・脱脂粉乳）	除外	輸入枠の設定	輸入枠の設定	除外
砂糖（加糖調製品）	除外	輸入枠の設定	輸入枠の設定	除外

資料：日本政府の発表資料を基に筆者作成
　注：従来のEPAでも限定的な輸入枠を設定した例はあったが、米は常に除外された。

ととした。その後の日欧EPAや日米貿易協定では、米は約束から除外された
ものの、牛肉・豚肉ではCPTPP協定と同様の約束を行った。

　また、メガFTAの農林水産業への影響を図表2-14に示した。これは、日
本政府による農林水産物の生産減少額に関する試算結果で、合意内容を反映
し、毎年 3,000 億円を超える国内対策を加味したものである。まず、発効に
は至らなかったTPP協定では、関税の削減・撤廃による国内価格の低下に
よって、農林水産物の生産減少額は、最大でその3%に相当する2,082億円と
見込まれた。これに対して、実際に発効したCPTPP協定、日欧EPA、日米貿
易協定の実施による農林水産物の生産減少額は、それぞれ最大で 1,459 億円
（総生産額の約2%）、1,125 億円（同約2%）、1,100 億円（同約1%）と見込まれ
た。他方で、いずれの場合でも、国内対策によって生産量は維持され、食料
自給率も変わらないとされている。また、品目別に見ると、牛肉、豚肉、乳
製品といった畜産物の生産減少額が大きいと見込まれている。

図表2-14　メガFTAによる農林水産物の生産減少額

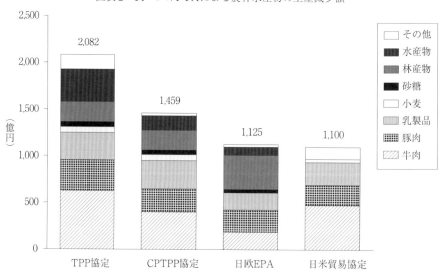

資料：日本政府の発表資料を基に筆者作成

5．まとめ

　本章では、貿易協定を通じた日本の農産物貿易自由化の経過を概観した。日本は、競争力が高い工業品と低い農産品との間で関税水準のギャップが大きく、農業保護に占める関税による保護の割合が大きいため、貿易協定による関税の削減が農業保護の減少に直結するという特徴がある。その上で、農産物の関税を削減・撤廃する貿易協定の主流は、ガット・WTO、二国間中心のEPA、TPP協定等のメガFTA、の順に変遷を遂げてきた。この中で、同一の首相の下で、農政トライアングルの反対を押し切る形で、農産物の輸出大国との交渉が開始されたという点で、第1次安倍政権下の日豪EPAと第2次安倍政権下のTPP協定には共通点が多い一方で、開始後の経過は大きく異なっている。このため次章では、日豪EPAとTPP協定の経過をめぐる首相官邸と農政トライアングルの関係を対比することによって、第2次安倍政権下でTPP交渉が妥結した要因を明らかにする。

注
1）本章は、主に作山（2019a）による。
2）本書の執筆時点でCPTPP協定が発効済みなのは日本を含む7カ国で、マレーシア、ブルネイ、チリ、ペルーの4カ国は協定に署名したが批准していない（その後ペルーは2021年7月に批准した）。このため、本書では引用を除いて「TPP11協定」という呼称は用いない。

コラム1　日米貿易協定は国際ルール違反か

　上記のように、FTAがガットの基準を満たすには、貿易額の90%以上で関税を撤廃する必要がある。茂木敏充外相も、日米貿易協定の国会審議時に、「我が国としては、貿易額のおおむね9割の関税撤廃を一つの目安としております。こういった立場に変わりはございません」と述べている。また、それを判断する際の関税撤廃率は、従来から相手国との合計で算出されてきた。つまり、日米貿易協定における日米合計の関税撤廃率は、（日本の関税撤廃額＋米国の関税撤廃額）÷（日本の対米輸入額＋米国の対日輸入額）×100で求められ、これが9割を超える必要がある。

　日米貿易協定の関税撤廃率について、安倍首相は、「新たに譲許される品目にWTO協定の枠組みのもとで無税とされているものを含めれば、2018年の貿易額ベースで、関税撤廃率は、日本が約84%、米国が92%となり、本協定はWTO協定と整合的であると考えます」（傍点は筆者）と答弁している。また、茂木外相は、「自動車、自動車部品につきまして、関税撤廃がなされることを前提に、市場アクセスの改善策としてその具体的な撤廃期間等について交渉が行われることになりまして、関税撤廃率に加えることについては何ら問題ないと考えております」と答弁している。

　この真偽を確かめるため、図表2-15には日米貿易協定の関税撤廃率を示した。まず左図は、日本政府の発表に基づくものであり、日米合計の関税撤廃率は89%で、茂木外相の答弁通りにおおむね9割となっている。他方で右図は、米国のデー

図表2-15　日米貿易協定の関税撤廃率（2018年）

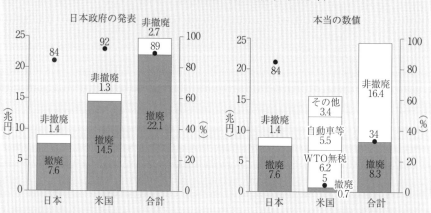

資料：作山（2021）を基に筆者作成

タを用いて筆者が作成した。米国が実際に関税撤廃した品目は対日輸入額の5%で、日米合計の関税撤廃率は34%に過ぎない。また、協定で関税撤廃されない自動車・自動車部品やすでにWTOで無税の品目について、日本政府の説明通りに関税撤廃と扱っても、関税撤廃率は米国が79%（＝（0.7＋6.2＋5.5）÷15.7×100、単位は兆円）、日米合計では81%（＝（7.6＋12.3）÷（9.0＋15.7）×100、単位は兆円）で、9割に遠く及ばない。つまり、自動車・自動車部品の関税撤廃があろうとなかろうと、日米貿易協定はガットの基準を満たしていない。

さらに、ガットでは、FTAを締結した場合のWTOへの速やかな通報が規定されており、日本政府はこれまで締結した全ての協定について、その義務を忠実に果たしてきた。しかし、日米貿易協定に限っては、発効から1年以上経過した本書の執筆時点でもWTOに通報していない。このように、日米貿易協定は二重の意味で国際ルールに違反している。

第3章　安倍政権下のTPP妥結の要因

　この章では、第1次安倍政権下での日豪EPAと第2次安倍政権下でのTPP協定を比較し、首相官邸と農政トライアングルの関係の変化を特定することによって、第2次安倍政権下でTPP交渉が妥結した要因を明らかにする。日豪EPAとTPP協定は、交渉開始や交渉参加を決定したのが安倍政権であることに加えて、農産品の重要品目の関税撤廃が争点となり、農政トライアングルの抵抗を排して交渉が始まった点も共通している。他方で、交渉の妥結は、日豪EPAが7年も要したのに対し、TPP交渉は日本の参加から2年と速かった。このように両者は、交渉開始時の状況には共通点が多いが、その後の帰結は異なることから、第2次安倍政権下でTPP交渉が妥結した要因を明らかにする上で適切な比較対象となっている。

1. 日豪EPAとTPP協定の比較

　本章では、第1次安倍政権の日豪EPAと第2次安倍政権のTPP協定を比較する。図表3-1に示したように、日豪EPAとTPP協定には多くの共通点がある。まず、交渉開始や交渉参加を決定したのはどちらも安倍政権である。また、農産品の重要品目の関税撤廃が争点となり、農政トライアングルは揃って反対したにもかかわらず、そうした抵抗を排して交渉が始まった点も共通している。他方で、両者の帰結は異なっている。つまり、日豪EPAは、第1次安倍政権下の 2007 年に交渉が始まったものの、それが妥結したのは第2次安倍政権下の 2014 年で、7 年も要した。これに対し、TPP交渉は第2次安倍政権下の 2013 年に日本が参加し、2 年後の 2015 年に妥結した。このように両者は、交渉開始時の共通点は多いのに対してその後の帰結が異なっていることから、因果関係を明らかにする上で適切な比較事例といえる。

　次に、具体的な比較の方法について説明する。まず、日豪EPAとTPP協定に対して、首相官邸と農政トライアングルの各主体が、それぞれどのように対応したのかを時系列で叙述する。それを日豪EPAとTPP協定との間で比較することによって、交渉の帰結に影響を与えた要因を特定する。具体的には、日豪EPAには存在しないのに対してTPP協定には存在する要因を特定できれば、それが日本のTPP協定参加の要因と推論することができる。

図表3-1　日豪EPAとTPP協定の比較（交渉開始時）

項　　目		日豪EPA	TPP協定
交渉開始・参加の決定		2006 年 12 月	2013 年 3 月
内閣		第 1 次安倍政権	第 2 次安倍政権
争点		農産品の関税撤廃	農産品の関税撤廃
農政トライアングル	農林族議員	反対	反対
	農水省	反対	反対
	農協	反対	反対
帰結		2014 年に妥結（7 年）	2015 年に妥結（2 年）

資料：筆者作成

2．日豪EPA交渉の政策過程[1]

　本節では、首相官邸と農政トライアングルの各主体の相互関係に着目して、日豪EPAの政策過程を概観する。

　第2章で見たように、2006年までに日本が着手したEPAの相手国には、「工業品の関税率が高い開発途上国で、農産品の輸出大国ではない」という共通点があった。このため、関税撤廃による日本の工業品の輸出拡大と農業への打撃回避が可能だったが、豪州は違っていた。まず、関税率については、図表3-2に示したとおり、豪州の工業品の平均関税率は3.9％と低く、EPAのメリットは小さいと考えられた。ただし、関税が課されている品目の輸入額が相手国からの総輸入額に占める割合（有税品目割合）は、日本は主な輸入品の石炭、天然ガス、鉄鉱石が全て無税なことから8.3％と低いのに対して、豪州は日本製の自動車等に関税を課していることから66.1％と高く、その撤廃に伴うメリットは否定できない。他方で、豪州は2006年の日本の農産物輸入額の10％を占め、主な輸出品目も、牛肉、乳製品、砂糖、麦類のように、日本が高関税で保護している重要品目が多いことが懸念された。

　日本と豪州は、小泉政権下の2003年7月の合意に基づいて、貿易・投資の自由化・円滑化を目標とする第1次政府間共同研究を2005年4月まで行った。しかし、EPA締結を求める豪州と、農産品への悪影響からそれに消極的な日本の主張が対立したことから、EPAの実現可能性やメリット・デメリットを検討するために、第2次政府間共同研究を行うこととされた。このように、

図表3-2　日本と豪州の関税構造の比較

（単位：％）

区　分	細区分	日本	豪州
平均関税率 （2006年）	全品目	5.6	3.5
	農産品	24.3	1.2
	工業品	2.8	3.9
有税品目の割合 （2013年）	全品目	8.3	66.1
	うち農産品	6.7	－
	うち工業品	1.6	－

資料：WTO/ITC/UNCTAD (2007) *World Tariff Profiles 2006*、経済産業省「日豪EPAの概要」（2014年12月19日）を基に筆者作成

日本政府の対応は農水省の反対を受けた先送りにほかならず、小泉政権は日豪EPAに必ずしも積極的ではなかった。他方で、2006年9月の第1次安倍政権の発足後は、同年11月の経済財政諮問会議で有識者議員が、「日豪EPAは、年内に共同研究を終了し、交渉に着手する」と提言し、共同研究の最終報告書のとりまとめは、当初の2007年4月から2006年12月に前倒しされた。

　第1次安倍政権が、日本の経済的メリットが乏しいとされる豪州とのEPAを推進した真の狙いは、中国への対抗だった。安倍首相は、民主主義、基本的人権、法の支配といった普遍的価値を共有する国々との関係を強化する価値観外交を掲げ、それに基づく外交方針として「自由と繁栄の弧」を提唱した。ここで、「普遍的価値を共有しない国」が中国を指すのは明らかで、豪州は日本がアジアで中国と対抗する上での最大のパートナーと位置づけられた。実際に、第2次安倍政権下の2014年に日豪EPAに大筋合意した際にも、「豪州は、普遍的価値と戦略的利益を共有する戦略的パートナー」と説明されている。安倍首相の意向を受けた経産省は、2005年に中国が豪州とのFTA交渉を開始したことを強調し、日豪EPAの必要性を訴えた。

　これに対して、農政トライアングルは強く抵抗した。農水省は2006年12月1日、重要4品目の豪州への関税撤廃で国内生産額が約8千億円減少するとの試算を公表した。全中も、日豪EPA交渉対策全国代表者集会を開き、交渉入りに反対する要請を国会議員に行った。これを受けて、大島理森らの自民党農林族議員は首相官邸を訪問し、重要品目の交渉からの除外や再協議を求める安倍首相宛の要望書を提出した。このため、12月4日に決着した最終報告書には、「『除外』及び『再協議』を含むすべての柔軟性の選択肢が用いられる」と明記された。また、最終報告書を了承した同日の自民党農林水産物貿易調査会では、全中の要望も反映して、重要品目に対する配慮が得られない場合は交渉を中断する旨の決議文を採択した。さらに、12月半ばに採択された衆参農林水産委員会の決議にも、「重要品目が除外又は再協議の対象となる」、「政府は交渉の中断も含め厳しい判断を持って臨む」ことが盛り込まれた。こうして日豪EPAは、12月12日の首脳間で交渉開始に合意した。

　このように、日豪EPAは安倍首相の肝いりで交渉が始まったものの、2007

年7月の参院選での自民党大敗を受けて安倍首相は辞任し、その後は交渉も失速した。すなわち、2007年4月から2012年6月までに16回もの交渉会合が開催されたが、妥結には至らなかった。事務レベルでの協議が膠着した主因は、豪州が日本に対して重要品目である牛肉、乳製品、砂糖、麦類の関税撤廃を求めたのに対し、日本が「除外又は再協議」の国会決議を盾にそれを拒否したためであった。そもそも、2007年7月から2013年7月までは、2010年9月に成立した民主党政権下での一時期を除いて、政権与党が参議院で過半数を割り込む「ねじれ国会」が続いており、与野党の対立が激しい日豪EPAのような案件で日本側が譲歩することは困難だった。

　その後、2014年4月に日豪EPAを妥結させたのも安倍政権だったが、その際の農政トライアングルの対応は、次節で見るTPP交渉参加の余波を受けて、日豪EPAの交渉開始時とは様変わりした。まず、農産品の合意内容については、小麦と砂糖は国会決議のとおり再協議となったものの、牛肉は関税を削減し、乳製品ではチーズの輸入枠を設定したことから、「除外又は再協議」とする国会決議は守られていない。しかし、妥結に至る過程で農林族議員は、担当閣僚でない自民党TPP対策委員長の西川公也が豪州との交渉妥結に尽力した。また農水省も、妥結を急ぐ首相官邸や農林族議員に協力した。さらに全中も、妥結時の萬歳会長の談話で牛肉について、「国会決議をふまえた交渉結果となっているかどうか、今後、生産者に対し、政府・与党から十分な説明が行われるものと理解している」と述べ、重要品目の関税削減を約束したにもかかわらず、「国会決議違反」との指摘をしなかった。

3．TPP交渉の政策過程[2]

　本節では、首相官邸と農政トライアングルの各主体の相互関係に着目して、TPP交渉の政策過程を概観する。

　日本のTPP交渉への参加は、民主党政権の菅直人首相が2010年10月の所信表明演説でその検討を表明したことを受けて論争が本格化した。しかし、全品目の関税撤廃を原則とするTPP交渉への参加は、与党民主党内でも賛否が交錯したため、横浜でのアジア太平洋経済協力（APEC）首脳会議を控えた

2010 年 11 月に「包括的経済連携に関する基本方針」が閣議決定され、その中でTPP協定に関する情報収集を目的とする関係国との協議の開始が打ち出された。その後、菅直人首相の辞任を受けて 2011 年 9 月に就任した野田佳彦首相も、オバマ政権からの圧力にもかかわらず、主に鹿野農相の反対で交渉参加を決断できず、2011 年 11 月にTPP交渉参加に向けた関係国との協議を開始したものの、2012 年末の総選挙で大敗して下野した[3]。結局、民主党政権下ではTPP交渉参加に至らなかった。

　他方で、野党の自民党と農協はTPP交渉参加に強硬に反対した。まず、自民党では、農林族議員の森山裕を会長とする「TPP参加の即時撤回を求める会」（撤回会）が 2010 年 11 月に設立され、「TPP参加の即時撤回を求める緊急決議」を採択した。また、2012 年 3 月には、外交・経済連携調査会が「TPPについての考え方」を取りまとめ、TPP交渉参加の判断基準の筆頭に、「『聖域なき関税撤廃』を前提にする限り、交渉参加に反対する」と明記した。この表現は、同年末の衆院選の選挙公約でも踏襲された。また、全中は、2010 年 10 月の集会でTPP交渉参加への反対を決議し、11 月には、農林漁業団体や消費者団体を含む 3 千人以上の集会を開催し、同様の決議を採択した。さらに、2011 年 10 月までに、TPP交渉参加に反対する約 1,165 万人分の署名を集めた。

　しかし、2012 年末の衆院選後に成立した第 2 次安倍政権は、一転してTPP交渉参加に舵を切った。安倍首相は、2013 年 2 月のオバマ大統領との会談で、「聖域なき関税撤廃」が前提でない旨を日米共同声明で確認し、3 月 15 日に交渉参加を表明した。これに対して撤回会は、首相の訪米前には交渉参加を「絶対に認めることはできない」と決議したものの、訪米後は森山が「政府と党が対立したら、国民の批判を受ける」と述べ、参加容認に転じた[4]（第 6 章のコラム 4 を参照）。また、首相官邸は、日米共同声明の調整に農相の林芳正を加える一方で、農水省の事務方を外して農林族議員との連携を遮断したことから、農水省は傍観するしかなかった。他方で、3 月 1 日に安倍首相と会談した萬歳章全中会長は、TPP交渉参加に「断固反対だ」と述べた[5]。こうして、農政トライアングルは分断された。ただし、森山の求めで農水省が

作成した撤回会の 2 月 19 日の決議には、「重要品目の除外又は再協議」が明記され、それが 4 月半ばの衆参農林水産委員会の決議にも反映された。

　日本のTPP交渉参加後の農政トライアングルの対応は、日豪EPAを含む従来の貿易交渉から一変した。まず、農林族議員からは、交渉に関する徹底的な情報統制もあって、政府に対する批判的な意見はほとんど出なかった。むしろ、TPP対策委員長の西川公也は、難航する日米交渉を打開するために、2013 年 10 月に関税撤廃対象品目の拡大を提唱した。また、西川の後任としてTPP対策委員長に就任した森山裕も、農林族議員の抑え役となった。これに対して安倍首相は、2014 年 9 月に西川公也、2015 年 10 月に森山裕を農相に任命し、TPP交渉妥結に寄与した族議員を入閣させるという論功行賞を見せつけた。他方で、全中出身の山田俊男は、首相官邸の意向で農林族の幹部会から外され、農水省に近いとされる宮腰光寛も、当選回数が多いにもかかわらず農相に任命されなかった。

　また、農水省も、交渉参加後は首相官邸に従順になった。例えば、2013 年 7 月の人事異動では、在任期間が 1 年に満たない農水審議官の佐藤正典が退官し、その後任に石破茂に近い針原寿朗が就いた[6]。その後、TPP交渉に従事した針原は、日本の交渉参加から間もない 2014 年秋前の段階で、10 万トンの米輸入枠の創設を米国に独断で提示した[7]。この一件は、農産品をめぐる日米交渉が難航し、日本側の交渉責任者が農水省から内閣官房に移る契機となったが、その背景には首相官邸への配慮があったと考えられる。第 2 次安倍政権下で官僚の人事を掌握した官房長官の菅義偉は、TPP関係閣僚が参加する秘密会合も主宰し、オバマ政権が重視したTPP交渉妥結のために、「TPP相の甘利明を強力にバックアップし、抵抗する関係者がいれば、『甘利に刃向かう奴はおれがぶっつぶす』とすごんだ」[8]。つまり、針原は、首相官邸が重視するTPP交渉の早期妥結のために功を焦った可能性がある。

　なお、従来のEPAとの違いは、政府の交渉体制にも見られた。TPP以前のEPA交渉は、事務レベルでは外務省の次官級が首席交渉官を務め、外務省、財務省、農水省、経産省の審議官級がそれを支える 4 省体制で進められた。また、閣僚級の交渉も、農産品は農水大臣、工業品は経産大臣が担当した。

こうした体制では、各省が情報を抱え込んで譲歩を渋るため、迅速な交渉の決着は望めない。これに対してTPP交渉では、交渉体制を一元化した。まず、各省から人員を集めて内閣官房にTPP政府対策本部を設置し、首席交渉官、首席交渉官代理、国内調整統括官は、出身省庁との兼任ではなく専任とした。また、経財相の甘利明をTPP担当相に任命し、閣僚級の交渉を委ねた。このように、TPP関係閣僚が意思疎通を図りつつ、安倍の信任が厚い甘利に交渉を一元化することで、政府一体となった交渉が可能になった。

　さらに農協も、TPP交渉参加への反対を転換し、要求を国会決議の遵守に移した。そのために、2013年10月から2015年7月にかけて、数千名を集めた集会を繰り返し開催した。それでも、萬歳会長の在任中は、政府に対する姿勢は強硬で、2015年7月のハワイでのTPP閣僚会合後の会長談話では、「国会決議は、我々にとって極めて重いものですが、重要品目に関して国内の一部報道の通りに交渉されていたとすれば、到底納得できるものではありません」と不満を表した。他方で、2015年8月に全中会長が奥野長衛に交代すると、TPP交渉への対応はより穏やかになった。例えば、2015年10月の大筋合意時の全中会長談話では、「生産現場には不安と怒りの声がひろがっている」としつつも、予算措置を含む対策を求めるものとなっている。

　2015年10月の交渉妥結、そして2016年の協定への署名後も、日本のTPP協定の承認は迅速だった。まず、政府は、TPP協定の農林水産物への影響分析を示す前の2015年11月に、農林水産業への国内対策を盛り込んだ「総合的なTPP関連政策大綱」を早々に決定した。また、2016年のTPP協定に関する国会審議では、農産品に関するTPP合意と国会決議との整合性に対して疑念が呈されたものの、与党内からそれに呼応する動きは皆無だった（コラム2を参照）。さらに、衆議院でTPP協定を承認した2016年11月には、TPP協定からの離脱を公約したトランプ氏が米国大統領に当選し、協定発効の見込みはすでになくなっていたものの、その後に参院でも承認された。このように、政府・与党内で一糸乱れぬ対応がとられたのが特徴であった。

４．まとめ

　本章での分析を踏まえて、図表 3-3 には、日豪EPAとTPP協定の交渉経過における農政トライアングルの各主体の姿勢を対比した。日豪EPA交渉では、安倍首相の強い意向を受けて交渉入りはしたものの、重要品目の譲歩に歯止めをかける報告書や諸決議の策定には農政トライアングルが関与していた。このように農政トライアングルは維持されており、国会決議の歯止めもあって、衆参ねじれを受けて安倍首相が退陣すると交渉は漂流した。これに対してTPP交渉では、安倍首相の参加表明前に農林族議員が首相官邸に擦り寄り、農水省は調整から外され、全中が孤立することで農政トライアングルが崩壊した。これによって、2014 年の日豪EPAの妥結をへて 2015 年のTPP交渉の合意につながった。つまり、日豪EPA交渉の妥結とTPP交渉参加は関連しており、「TPP交渉参加→日豪EPA交渉妥結→TPP交渉妥結」という流れが見てとれる。

　以上の比較から、日豪EPAが長期間にわたって漂流したのに対し、TPP交渉が迅速に妥結した要因は以下の２点にまとめられる。第１は、安倍政権の継続である。日豪EPAも安倍首相の肝いりで開始されたが、その退陣後には農政トライアングルが復活し、国会決議を盾に抵抗したために漂流した。これに対してTPP協定では、安倍首相が衆参のねじれを解消し、その後の国政選挙でも連勝したことで、求心力を維持したままTPP交渉の妥結や承認が進んだ。第２は農政トライアングルの継続的な押さえ込みである。特に、TPP

図表3-3　日豪EPAとTPP協定の比較（交渉の経過）

項目		日豪EPA			TPP協定		
交渉の段階		開始前	開始後	妥結時	開始前	開始後	妥結時
時期		2006 年 12 月		2014 年 4 月	2013 年 3 月		2015 年 10 月
内閣		第 1 次安倍政権			第 2 次安倍政権		
衆参ねじれ		なし	あり	なし	あり	なし	なし
農政ト ライア ングル	農林族議員	反対	抵抗	推進	反対	推進	推進
	農水省	反対	抵抗	推進	反対	推進	推進
	農協	反対	反対	容認	反対	反対	容認

資料：筆者作成

交渉については、農協の反対を押し切って参加したものの、妥結後に合意内容と国会決議との不整合を追求されれば、TPP協定の国会での承認が難航する恐れもあった。それを防ぐためには、農協が問題を提起できないようにする牽制策が必要で、それが第4章以降で後述する農協改革だったと考えられる[9]。

注

1) 本節は、主に作山（2015）の第4章による。
2) 本節は、主に作山（2015）の第8章から第10章による。
3) 民主党政権下でのTPP参加をめぐる日米交渉については、山田・石井（2016）に詳しい。
4) 第2次安倍政権で官房副長官に就任した加藤勝信は、TPP交渉参加に反対する自民党議員を訪問し、「安倍首相は交渉参加の決意を固めており、反対すると身のためにならない」という趣旨を伝えてまわったとされる。
5) 2012年末の政権復帰直後に、安倍首相は全中会長の萬歳章に対して、「（自民党の他に）応援するところがあるなら、別に結構です」と突き放していた（産経新聞朝刊（2014年7月31日、3ページ））。
6) 農水審議官は国際交渉を統括する次官級のポストであり、その在任期間は2～3年が普通で、1年未満で退任したのは後にも先にも佐藤のみである。この人事異動は、民主党政権下でTPP交渉参加に抵抗した農水省に対する首相官邸の制裁と受け止められた。
7) 鯨岡（2016）162～164ページ、北海道新聞（2015年4月3日）。
8) 読売新聞政治部（2020）84ページ。
9) 「菅さんの外交っていうのは直接、外国の相手とやり合うことじゃなくて、日本国内の力を持っている人間を押さえて実現させるっていうやり方だ。三つとも『俺がかなりやったんだ』という自負はあるはずだ」（読売新聞政治部、2020、84ページ）という外務省幹部の発言は、TPP協定の承認をにらんだ農協改革にも該当すると考えられる。なお、ここで「三つ」とは、第2次安倍政権の発足時に米国が実現を要求したハーグ条約への加盟、米軍普天間飛行場の移設、TPP交渉参加を指す。

コラム２ TPP合意は国会決議違反か

2016 年のTPP協定の国会審議時に争点となったのが、合意内容と国会決議との整合性である。

2013 年４月に衆参の農林水産委員会は、「米、麦、牛肉・豚肉、乳製品、甘味資源作物などの農林水産物の重要品目について、引き続き再生産可能となるよう除外又は再協議の対象とすること」を求める決議を採択した。TPP合意には、将来の交渉に先送りする「再協議」の品目は無いことから、国会決議が守られたかは「除外」の品目があるかどうか次第である。

安倍首相はTPP合意に関して、「国会決議の趣旨に沿う合意を達成できた」と説明した。他方で、2012 年の政府資料に、「関税の撤廃・削減の対象としない除外」という記述があるにもかかわらず、安倍首相は、「除外についての定義は一律に定まっているものはない」と説明した。

筆者は、2016 年３月の日本農業経済学会大会で、国会決議は守られていないとの分析結果を発表した。日本の重要品目では、一定の輸入量までは低関税（枠内税率）、それを超えると高関税（枠外税率）を課す関税割当が多く、同一品目に２つの関税番号が存在する。TPP合意では、低関税が適用される関税割当を新設する一方で、枠外税率は維持した。このため、図表３−４の精米の例のように、枠外税率は「除外」を連想させる「税率維持」となるが、精米という品目の括りでは「関税割当」となる。TPP合意は全てこのパターンで、品目単位で税率が維持された例は皆無だった。2016 年４月の国会審議で森山農相も、「枠内税率も枠外税率も変更を加えていないものがあったかなかったかと問われれば、それはない」と答弁し、筆者の指摘を認めた。つまり、「TPP合意に除外はないが、国会決議は守られた」というのが政府の説明である。

政府がこうした詭弁を弄したのは、国会決議が鉄の三角形モデル下で策定されたのに対し、TPP交渉は官邸主導モデル下で妥結したからである。農林族議員は、国会決議によって重要５品目を関税撤廃から除外しようとしたが、農林族議員が知らないTPP交渉の参加条件には「除外の禁止」が含まれており、国会決議とTPP交渉

図表３−４　TPP合意における精米の約束内容

中区分		小区分		関税率の上限	TPPでの約束内容	
品目	関税番号	類型	関税番号		類型毎	品目毎
精米	1006.30	枠内税率	010	292 円/kg	関税割当	関税割当
		枠外税率	090	341 円/kg	税率維持	

資料：作山（2016）を基に筆者作成

参加とは元々両立し得なかった。

　これに対して、日欧EPAの交渉開始時に国会決議は採択されなかった。また、日欧EPAに関する2014年6月の自民党から政府への申し入れでも、「重要品目の再生産が引き続き可能となるよう、必要な国境措置をしっかり確保すべき」とされたのみで、「除外又は再協議」のような政府を縛る要求は盛り込まれなかった。こうした変化は、官邸主導モデルの定着の証しであろう。

第4章　農協改革の経過

　この章では、1990 年代以降の農協改革の経過を整理する。
まず、農協改革が繰り返し提起される背景を理解するために、
農協の概要と問題点について、データを交えて説明する。次
に、1990 年代から 2000 年代に行われた農水省主導の農協改
革の流れを要約する。さらに、2000 年代以降の規制改革会
議による農協改革に関する累次の提言を概観する。最後に、
第 2 次安倍政権下で実現した官邸主導の農協改革の経緯を
整理する。これによって、かつては農協の利害にも配慮しつ
つ農政トライアングル内で完結していた改革が、第 2 次安倍
政権下では、規制改革会議の提言を出発点として、農協の意
に反する急進的な改革に変わったことが明らかになる。

1．農協の概要と問題点

　農協は農業協同組合の略で、農水省が所管する農業協同組合法に基づいて、農業者を組合員として設立される協同組合である。農協には、総合農協と専門農協がある。まず、総合農協は、様々な事業や活動を総合的に行う農協である。主な事業には、組合員の農業経営の改善や生活向上のための「営農指導事業」、農産物の集荷、販売や生産資材・生活資材の供給等を行う「経済事業」、民間の保険会社と同様の生命共済や自動車共済等を扱う「共済事業」、貯金の受入れや資金の貸付けを行う「信用事業」等がある。これに対して、専門農協は、酪農、果樹、園芸といった作目別に設立される協同組合である。農協は、都道府県や全国の段階における事業別の連合会を含むJAグループを形成しており、本書ではそれをまとめて「農協」と呼ぶ。

　農協の組織は、図表4−1に示したように3段階が基本である。つまり、市町村段階に上記の事業を全て行う総合農協（単位農協）、都道府県段階に事業別の連合会（都道府県連）、全国段階に事業別の全国連合会が置かれている。しかし、最近の合併の進展によって、こうした3段階の構造は変わりつつある。まず、共済事業は、全ての都道府県連が全国段階のJA共済連と統合し、2段階となっている。また、経済事業と信用事業は、①都道府県連が残っているケース、②都道府県連が全農や農林中金と統合して2段階になっているケース、③単位農協が県に1つとなって県連を吸収し2段階になっているケース、の3つの類型がある。このように、末端の農協では全ての事業が一体なのに対して、都道府県連や全国連は事業別となっている組織構成について、ノンフィクション作家の立花隆は「八岐の大蛇」と形容している[1]。

　図表4−1に示した農協グループの中で、中央会は独特の存在である。他の都道府県や全国段階の連合会の事業は、組合員である農業者を対象としているのに対し、中央会の事業は農協を対象としているという違いがある。中央会の制度は、経営危機に陥った農協を再建するために、1954年の農協法改正で設けられ、他の農協や連合会とは異なって、後述する2015年の農協法改正までは、都道府県と全国に必置義務が課されていた。その目標は「組合の健全な発達」であり、農協の組織、事業、経営に関する指導や農協の監査等の

図表4-1　農協グループの組織

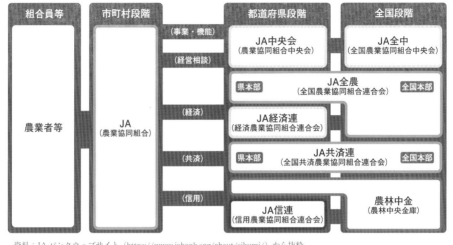

事業が規定されていた。また、農協に関する事項について、行政庁に建議できる権利も与えられていた。つまり、八岐大蛇のようにバラバラな農協グループを束ねて、その手綱を引く役割が期待されていたと言えよう。

　農協のもう一つの顔が、自民党を支援する利益集団である。ただし、農協自体が政治活動をすることはできないため、都道府県段階では農協政治連盟、全国段階では全国農業者農政運動組織連盟（全国農政連）という政治組織を別に結成している。しかし、都道府県段階の農協政治連盟の会長の多くは中央会の会長やその経験者で、全国農政連の会長もその中から選ばれるため、実質的には農協と変わらない。本書の執筆時点では、全中の専務理事を務めた山田俊男と、全国農協青年組織協議会（JA全青協）の会長や熊本県JAかみましきの組合長を務めた藤木真也が、組織代表として参議院の比例代表区から選出されている。また、国政選挙では、自民党を中心に、農協の主張に理解のある候補者を推薦し、支援を行っている。

　その上で、農協改革の背景にある農協の現状と問題点について、データを交えて説明する。まず、図表4-2には、総合農協の組合数と組合員数の推移を示した。経営基盤の強化を目的とした合併の進展により、総合農協の数は

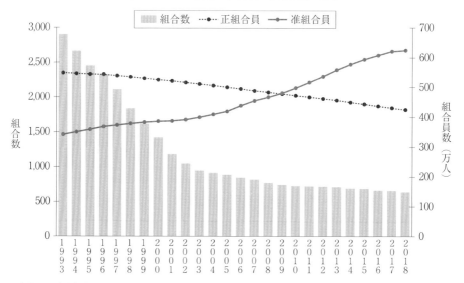

図表4-2　総合農協の組合数と組合員数の推移

資料：農林水産省「総合農協統計表」を基に筆者作成

1990年代前半からの25年間で4分の1に減少し、奈良や島根等7県では1県1農協となっている。こうした中で、農業者である正組合員は、1990年代前半の548万人から2018年には425万人へと減少した。他方で、農業者でない准組合員は、同じ期間に342万人から624万人へとほぼ倍増した。農協の利用者は原則として組合員に限定され、非組合員の利用（員外利用）は制限されているが、一定額を出資して准組合員になれば、農業者でなくても無制限に利用できる。農協は農業者の協同組合というのが建前だが、今では農業者でない組合員の方が200万人も多いいびつな構成となっている。

　次に、図表4-3には、総合農協の部門別損益の推移を示した。2018年についてみると、全国639の総合農協を合わせた経常収支は2,714億円の黒字である。しかし、その内訳を見ると、信用事業は2,696億円の黒字、共済事業は1,614億円の黒字なのに対し、営農指導事業は1,099億円の赤字、経済事業が497億円の赤字となっている。また、信用事業についても、農協に預けられた貯金のうち貸出しにまわる割合は2割程度と低く、利益の大半は農外

図表 4 − 3　総合農協の部門別損益の推移

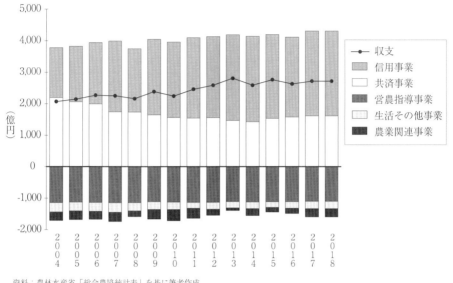

資料：農林水産省「総合農協統計表」を基に筆者作成

　の運用で得られたものである。つまり農協は、組合員が生産した農産物の販
売や組合員に対する生産資材の供給という本来業務では利益をあげられず、
准組合員も対象とした信用や共済といった金融事業の利益で存続しているこ
とが分かる。
　さらに、図表 4 − 4 には、販売金額別の正組合員が、全農協の販売金額と組
合員数に占める割合を示した。まず、農協全体の販売金額では、販売金額 1,000
万円以上の大規模な経営体が 6 割を占めているのに対して、販売金額 300 万
円以上 1,000 万円未満の経営体と 300 万円未満の経営体が占める割合は、そ
れぞれ 2 割に過ぎない。他方で、組合員数では、販売金額 300 万円未満の零
細な経営体が 8 割近くを占めている一方で、300 万円以上 1,000 万円未満の経
営体の割合は 13%、1,000 万円以上の経営体の割合は 8%に過ぎない。つまり、
農産物の販売額では大規模農家が多数派だが、組合員数では零細農家が多数
派というねじれがある。協同組合である農協の意思決定は、1 人 1 票が原則
であるため、農業依存度が低い零細農家の意向が反映される傾向が強いと言

図表4-4　販売金額別の正組合員が農協全体に占める割合（2010年）

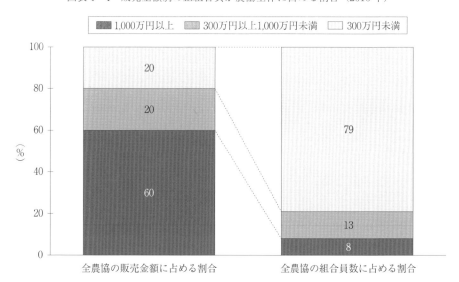

資料：全国農業協同組合中央会（2015）「創造的自己改革への挑戦」（第27回JA全国大会決議第1部）を基に筆者作成

われている。

　以上のデータが示すのは、組合員である農業者の二極分化が進む中で、准組合員を対象とした金融事業に象徴されるように、農協は農外事業を拡大することで存続しているという現実である。こうした実態は、農協法が制定された当時の姿と乖離していることは明らかで、そうした乖離を埋める方策には、「職能組合論」と「地域組合論」がある。まず、職能組合論は、農協は設立の原点に回帰すべきという立場で、農協の経営は大規模農家が主導して准組合員の加入は制限し、農業関連事業を中心として金融事業は単位農協から切り離すべきと主張する。これに対して、地域組合論は、農協が農外事業によって成り立っている現状を肯定する立場で、非組合員の員外利用や准組合員の加入を制限せず、むしろ農協法をはじめとする制度を現状に合わせるべきと主張する。

2. 農水省主導の農協改革：1992〜2004年[2]

　農協の「脱農化」は戦後の高度経済成長の結果であり、制度の建前と現状の乖離を埋める農協改革は繰り返し議論されてきた。その際の主張は、突き詰めれば職能組合論と地域組合論のいずれからの系譜に属する。例えば、1986年には、中曽根康弘内閣の総務庁長官に就任した玉置和郎が、金融事業に偏重し営農事業を軽視する農協を批判し、行政監察の対象にもなった。こうした農協を取り巻く環境の変化を受けて、その設立根拠である農協法は、1947年の制定から1980年代までに9回の大きな改正を重ねてきた。農協研究者の両角和夫は、第2次安倍政権に続く政府の農協改革が本格的に始まったのは2000年からとしている[3]。他方で、その翌年の2001年には、内閣機能の強化を含む行政改革が実施されており、そうした制度変化の影響を見るためには、それ以前の政策決定過程と比較する必要がある。このため、本節では、1990年代から2000年代にかけて実施された農協改革の流れを概観する。

　まず、海部俊樹政権から宮澤喜一政権にかけての1992年の農協法改正の経緯を概観する。全中は、農協の事業内容の充実と経営管理の強化を図るため、1990年6月から組織的な検討に着手し、1991年7月に農協制度の改正要望をとりまとめた。また、この要望は、同年10月の全国農協大会の決議にも盛り込まれた。こうした農協の動きに応える形で、農水省は1991年6月に「農協制度に関する研究会」を設置し、翌年2月に「農協制度に関する研究会報告書」をとりまとめた。これを受けて策定された改正農協法は、3月の閣議決定、5月の成立をへて、10月に施行された。その内容は、①事業機能の拡充、②金融機能の拡充、③経営管理体制の強化、④組織の整備、の4点にまとめられる。特に③には、理事会と代表理事の法定化といったガバナンスの強化が含まれている。今回の改正は、農協が発案し、それを農水省が受け入れるという流れで実施された。

　次に、橋本龍太郎政権下の1996年の農協改革の経過を概観する。1995年末に決着した住専問題を受けて、農水省は1996年1月に農政審議会に農協部会を設置した上で、信用事業を中心とする農協の事業・組織について検討し、8月に「信用事業を中心とする農協系統の事業・経営の改革の方向」と

題する報告書を公表した。これを踏まえて農協改革二法が策定され、秋の臨時国会への提出、1996 年 12 月の公布をへて、翌年 1 月に施行された。その内容としては、新たに農林中金・信連統合法[4] を制定し、農林中金と県信連との合併や県信連から農林中金への事業譲渡を可能とした。また、農協法改正では、①業務執行体制の強化、②自己資本・内部留保の充実、③監査体制の強化、④部門別損益の組合員への開示、⑤資金運用規制の緩和等が定められた。特に③については、信用事業を行う一定規模以上の農協に対する中央会の監査を新たに義務づけた。

　さらに、森喜朗政権下の 2001 年の農協改革の経過を概観する。農水省は 2000 年 4 月に、学識経験者等からなる「農協系統の事業・組織に関する検討会」を設置し、11 月に「農協改革の方向」をとりまとめた[5]。報告書では、農協改革の背景として、食料・農業・農村基本法の制定と金融ビッグバンの進展を挙げ、①営農関連事業・経済事業、②信用事業、③組織、の 3 つの改革を提起した。また、農協側も改革を議論し、2000 年 10 月の農協大会で決議した。これを受けて策定された農協改革二法は、2001 年 6 月に成立し、翌年 1 月に施行された。この中で、②については、農林中金法の全面改正と農林中金・信連統合法の JA バンク法[6] への改正によって、農林中金を中心とする JA バンクシステムが構築された。また、③については、組合員資格等の見直し、業務執行体制の強化、中央会の機能強化が図られた。他方で、①については、報告書では、地域農業振興の重視、生産資材価格の引下げ、生活関連事業の見直しが挙げられたが、法定事項ではなく法律改正には含まれなかった。

　最後に、小泉純一郎政権下の 2004 年の農協改革の経過を概観する。農水省は 2002 年 9 月に、学識経験者等からなる「農協のあり方についての研究会」を設置し、翌年 3 月に「農協改革の基本方向」をとりまとめた。この報告書は、改革が遅れている経済事業に焦点を当て、①国産農産物の販売拡大、②生産資材コストの削減、③生活関連事業の見直し、④経済事業等の収支均衡、の 4 点の改革を列挙した。さらに、それを推進する上で中央会のリーダーシップを求めた。これを受けて策定された改正農協法は、2004 年 3 月の国会提

出、6月の公布をへて、2005年4月に施行された。経済事業については、①
農協や連合会に対する中央会の指導について、全中が基本方針（経済事業版自
主ルール）を策定して公表、②都道府県中央会による監査の一部を全中に一元
化、といった改正が行われ、指導と監査の両面で全中の権限が強化された。

3．規制改革会議による農協改革の提言：2001〜2012年[7]

（1）規制改革会議の役割

　2000年代以降に、農協改革を繰り返し提言してきたのが規制改革会議であ
る。図表4-5に示したように、2001年に設置された規制改革会議は、名称
を変えつつ今日まで続いており、本書では、図表4-5に示した会議の総称と
して「規制改革会議」を用いる。そもそも「規制改革」という取組みは、1990
年代後半に当時の通産省が発案したものである[8]。つまり、不要な規制の撤
廃で経済成長率を高めるというのが建前だが、日本企業のグローバル化が進
展し、従来の介入主義的な産業政策が終演して出番が減った通産省が、他省
庁の規制を減らすという新たな権益を得ようとした面もある。実質的に提言
を作成するのは内閣府に設置された規制改革推進室の官僚で、経産省からの
出向者も多い。また、会議の議長を含む委員の多くは経済界の出身者であり、
提言には経産省と経済界の思惑が色濃く反映されることになる。
　他方で、会議の答申自体が制度を所管する各省庁を拘束するわけではない。
会議の傘下にある作業部会での議論を踏まえて、規制改革推進室が答申の原
案を作成し、制度の所管省庁と協議した上で答申を確定する。その際に、制
度に影響力を持つ与党の族議員との調整も行われる。このように、利害関係
者の合意を得た上で、政府は規制改革の実施計画を閣議で決定し、その時点
で各省庁はそれに拘束される。つまり、答申に実効性を持たせるためには閣
議決定が必要で、閣議決定には全省庁の同意が必要であることから、実施計
画ではなく答申の策定段階で担当省庁と合意を得ることが必要になる。この
ように、制度の所管省庁は一種の拒否権を持っており、規制改革会議が万能
なわけではなく、時の政権がそれをどれほど重視するかにかかってくる。

50

図表4 5 規制改革会議の変遷

会議名	設置期間	議長	首相
総合規制改革会議	2001 年 4 月～2004 年 3 月	宮内　義彦	森　　喜朗
			小泉純一郎
規制改革・民間開放推進会議	2004 年 4 月～2007 年 1 月	草刈　隆郎	
			安倍　晋三
規制改革会議（第 1 次）	2007 年 1 月～2010 年 3 月	草刈　隆郎	福田　康夫
			麻生　太郎
			鳩山由紀夫
行政刷新会議 規制・制度改革委員会	2010 年 3 月～2012 年 12 月	岡　　素之	菅　　直人
			野田　佳彦
規制改革会議（第 2 次）	2013 年 1 月～2016 年 7 月	大田　弘子	安倍　晋三
規制改革推進会議（第 1 次）	2016 年 9 月～2019 年 7 月		
規制改革推進会議（第 2 次）	2019 年 10 月～	小林　喜光	菅　　義偉

資料：内閣府ウェブサイトを基に筆者作成

（2）総合規制改革会議（2001～2004 年）

　まず、森喜朗政権末期の 2001 年 4 月に設置された総合規制改革会議の経過を検討する。総合規制改革会議で初めて農協改革が取り上げられたのは、2002年 12 月の第 2 次答申である。答申では、①農協の事業運営の見直し（担い手農業者の利益を目指した事業運営の見直し、員外利用率の調査等）、②農協系統事業の見直し（区分経理の徹底、組織再編措置の検討等）、③農協に対する行政関与（農協を通じた行政運営の適正化）、④公正な競争条件の確保（独占禁止法の適用、農協間のサービス競争の促進）、の 4 つが提言された。特に、②では、「信用・共済事業の在り方、信用・共済事業を含めた分社化、他業態への事業譲渡等の組織再編が可能となる措置を検討すべき」とされ、特に「信用・共済事業の分社化」は農協にとって刺激的な内容であった。

　この答申は、2003 年 3 月に「規制改革推進 3 か年計画（再改定）」でそのまま閣議決定された。閣議決定された点で、この答申の農水省に対する拘束力は強まった。他方で、答申の提言は、「期限を区切って措置するもの」と「期

限を区切って検討を開始するもの」とに書き分けられている。このうち前者
に該当するのは、①の「員外利用率等の調査」、②の「区分経理の配分基準の
策定」と「区分経理の徹底」、④の「独占禁止法違反の取締の強化」、に限ら
れている。他方で、その他の提言は、「2002 年度に検討を開始し、基本的方
向について結論、2003 年度以降逐次実施」という内容であり、検討は農水省
に委ねられているという点で、拘束力が強いとまでは言えない。

　また、2003 年 12 月の第 3 次答申でも、農協改革が取り上げられた。具体
的には、①情報開示の促進（部門別事業収支の開示の充実）、②准組合員制度の
運用の適正化（准組合員向けの事業拡大が正組合員の利益を損なう可能性を踏まえ
た准組合員制度の適切な運用）、③農協子会社の規制の適正化（不正表示事件等を
踏まえた農協子会社に対する指導）、④非 JA 型農協設立の促進（同一地域で複数の
農協が重複して設立できることの周知）、の 4 点が提言された。この答申は、2004
年 3 月に「規制改革・民間開放推進 3 か年計画」でそのまま閣議決定された。
ただし、「2003 年度中に措置」とされたのは④のみで、他の提言は「2003 年
度中に検討開始、2004 年度中に措置」とされた。つまり、農水省は検討の義
務は負うものの、その結果として変更の必要がないと同省が判断すれば、現
状維持も可能な書きぶりとなっている。

　以上をまとめると、総合規制改革会議の提言の実効性ははかばかしくな
かった。確かに、「信用・共済事業の分社化」のように、一見すると先鋭的な
内容が多いものの、農水省が実施を約束した事項は多くはなかった。実際に、
2004 年 3 月に総合規制改革会議が公表した「総合規制改革会議の主な成果事
例」でも、農業関係の成果として農地制度の改革は挙げられているものの、
農協改革には全く言及がない。このように、総合規制改革会議が農協改革で
主導権を発揮した形跡は見当たらない。

（3）規制改革・民間開放推進会議（2004～2007 年）

　次に、小泉政権下の 2004 年 4 月に設置された規制改革・民間開放推進会議
の経過を検討する。同会議での 1 年目の検討では、官製市場の民間開放のた
めの「市場化テスト」に焦点が当てられ、同年 12 月の第 1 次答申や翌年 3

月の追加答申に農協改革への言及はなかった。他方で、2005年6月に閣議決定された「経済財政運営と構造改革に関する基本方針（骨太の方針）2005」では、「農協を含めた多様なサービス提供主体間での競争を促進し、流通の合理化・効率化を図るため、農協改革等を進める」と明記された。これを受けて、会議設置の2年目には農協改革が取り上げられた。

　規制改革・民間開放推進会議は当初、2005年半ばに予定された中間報告の原案に、「農協の信用・共済事業の分離」や「不採算部門からの撤退」の検討を盛り込んでいた。しかし、これに対して農協や自民党農林族議員が猛反発した。特に8月初めには、JA栃木県経済連出身の国井正幸を含む自民党参議院議員5名が首相官邸で小泉首相と面会し、農協改革案の撤回を参議院議員80名の連名で要求した。その際に国井らは、衆参両院での採決を間近に控えていた郵政民営化法案を持ち出し、要求が聞き入れられない場合の同法案への反対を示唆した。これに対して、小泉首相は「郵政と農協は別だ」と述べ、国井らの主張に一定の理解を示した。

　こうした経緯から、2005年12月の第2次答申では、「農協改革等農業関連流通における競争促進」が最重要検討課題の一つに取り上げられたものの、提言は小粒に終わった。すなわち、「農業関連流通の合理化・効率化」として取り上げられたのは、①農協の経済事業改革等の推進（全農等の経済事業改革の推進、部門別損益の開示の促進、全中監査の第三者性の強化）、②農協の不公正な取引方法等への対応強化（独占禁止法上のガイドラインの作成、農協法による行政処分等）、③農業に関する補助金の情報提供体制の整備（農業関係者が広くアクセス可能な情報提供体制の整備）、④新規参入促進に係る実態把握等のための体制の整備（農協による問題事例の関係行政庁間の情報提供）、の4点にとどまった。他方で、この答申は、2006年3月末に閣議決定された「規制改革・民間開放推進3か年計画（再改定）」に反映された。

　2006年12月の第3次答申では、「農協経営の透明化、健全化」が取り上げられた。具体的には、①農協の内部管理態勢の強化（内部統制の強化、コンプライアンス委員会の設置）、②農協の不公正な取引方法等への対応強化、③公正な競争条件の確保、④農協経営の透明化に向けたディスクロージャーの改善、

⑤中央会監査の在り方についての検討、の5点が提言された。特に⑤については、「全中の監査は第三者性に乏しく、監査人としての独立性の確保が困難」で、「現在の監査については見直しを検討する時期に来ている」と述べ、「中央会監査について、様々な角度から、組合員、貯金者等が納得する監査の在り方について検討を行うべき」とした。このうち、①の前者は2007年度以降逐次実施、①の後者と②、④は2007年度に措置、③は逐次実施、⑤は2007年度検討開始とされた。この提言は、2007年6月に閣議決定された「規制改革推進のための3か年計画」にほぼそのまま反映された。

　以上から、規制改革・民間開放推進会議の農協改革に関する答申は、①コンプライアンスの強化、②不公正な取引への対応、③情報公開の改善、④全中監査の第三者性の強化、の4点におおむね要約することができよう。他方で、農協の信用・共済事業の分離や不採算部門からの撤退のような、過激な提言が盛り込まれることはなかった。会議の設置期間は、小泉政権の後半とオーバーラップしており、自民党が大勝した2005年9月のいわゆる郵政選挙を頂点に、官邸主導が最高潮を迎えていた時期でもある。そうした小泉政権でさえ、農協改革で目に見える成果が出なかったことは、首相の関心の有無が提言の内容や実施に大きく影響することを示唆している。

（4）規制改革会議（第1次）（2007～2010年）

　さらに、第1次安倍政権下の2007年1月に設置された規制改革会議（第1次）の経過を検討する。まず、2007年5月の第1次答申では、「農協経営の健全化・透明化」が取り上げられた。具体的には、組合員に対する農協の事業全般・経営全般に関する情報開示が進んでいない旨を指摘した上で、「現在制度的に義務付けられている情報開示の仕組みや自主開示の促進などの指導が今一度、改めて農協及び組合員に周知徹底されるよう必要な措置を講ずるべき」と提言し、2007年中の措置を求めた。他方で、2007年12月の第2次答申では、「農協経営の透明化、健全化」という項目が設けられたものの、規制改革推進室と農水省の合意が得られず、具体的施策は書かれていない。ただし、「問題意識」には、「農協における監査については、（中略）公認会計士

監査の導入が必要であると考える」と明記されている。

　これを受けて、2008 年に規制改革会議が巻き返しを図った。特に、2008 年 7 月の「中間とりまとめ」には、会議の意図が明確に示されている。農協については、「農協・森林組合・漁協経営の透明化・健全化」の項目を掲げ、冒頭で「特に、農協、森林組合、漁協ともに現在行われている業界団体による監査は、内部監査以外のなにものでもなく、(中略) 外部監査である公認会計士監査の導入が不可欠であると考えており、農林水産業分野の最重要課題として取組む所存である」と明記した。その上で、「今後、それぞれの業界団体[9] の指導力の発揮がさらに求められる状況にあるが、指導力を強化すればするほど意思決定に関与する機会が増加し、第三者性や独立性の確保が困難な状況にもなる」こと等を理由に、「農協、森林組合、漁協における今後の監査については、公認会計士監査を導入すべき」と述べている。

　しかし、2008 年 12 月の第 3 次答申では、規制改革会議は後退を余儀なくされた。農協については、「農協経営の透明化・健全化」の項目を設け、①信用事業を行う農協における情報開示の強化及び信用事業を対象とした金融庁検査の実施、②員内・員外取引の区分、③全中監査の一層の質の向上、④常勤理事の兼職・兼業制限の適正化、の 4 つの事項に関して、2009 年中の措置を求めた。特に、③の農協の監査については、「全中が監査責任を負う中で、監査への公認会計士の帯同の拡大等公認会計士の更なる活用による会計監査の一層の質の向上 (中略) 等、具体的な目標と取組スケジュールに沿って自主的かつ計画的な取組がなされるよう促していくべきである」と明記された。つまり、農水省との調整の結果、「公認会計士監査の導入」は撤回され、全中による監査の継続が認められた。この提言は、2009 年 3 月に閣議決定された「規制改革推進のための 3 か年計画 (再改定)」に反映された。

(5) 規制・制度改革分科会 (2010〜2012 年)

　第 1 次安倍政権下で設置された規制改革会議 (第 1 次) は、2009 年 9 月の民主党への政権交代後も半年ほど存続したが、鳩山由紀夫政権下での方向性が定まらなかったことから、新たな答申や閣議決定は行われなかった。一方

で、2009年9月の閣議決定で行政刷新会議が設置された後、2010年3月には
その傘下に「規制・制度改革に関する分科会」が設けられ、民主党政権下の
規制改革はこの分科会で検討されることになった。なお、分科会は2012年5
月に「規制・制度改革委員会」へ名称が変更された。また、農協改革を含む
農業については、分科会の設置時には農業ワーキンググループ（WG）で扱わ
れたが、2010年9月には農林・地域活性化ワーキンググループに変更され、
2012年5月には、再度農業ワーキンググループに改められた。

　農業WGでの検討は2010年4月に始まった。第1回の農業WG会合で事務
局が示した検討項目は8つで、そのうち農協に関しては、①農協に対する金
融庁検査・公認会計士監査の実施、②新規農協設立の弾力化、③農業協同組
合等に対する独占禁止法の適用除外の見直し、④農業協同組合・土地改良区・
農業共済組合の役員への国会議員等の就任禁止、の4つが提案された。それ
を受けて、同月の第2回農業WG会合では、WG委員で元農水官僚の山下一仁
が、農協に関する追加検討テーマとして、⑤農協の一人一票制の見直し、⑥
土地持ち非農家の組合員資格保有という農協法違反状況の解消、⑦准組合員
の廃止、⑧農協からの信用・共済事業の分離、⑨農協による株式会社等の子
会社設立や株式会社等への出資の制限、を提案した。このうち、⑥はWGの
検討項目とされたものの、その他は「中期的検討項目」と整理された。

　こうした経過をへて、菅直人内閣成立直後の2010年6月に第1次報告書が
とりまとめられた。農協に関しては、農業WGでの検討項目に沿って、①農
業協同組合等に対する独占禁止法の適用除外の見直し、②農協に対する金融
庁検査・公認会計士監査の実施、③農地を所有している非農家の組合員資格
保有という農協法の理念に違反している状況の解消、④新規農協設立の弾力
化、⑤農業協同組合・土地改良区・農業共済組合の役員への国会議員等の就
任禁止、の5項目が盛り込まれた。このうち、②の公認会計士監査の実施に
関する対処方針は、「適正なガバナンスの確保及びコンプライアンス強化に向
け、農協に対する監査の独立性、客観性及び中立性の強化を図る」（2010年度
中に措置）という曖昧なものとなった。なお⑤は、自民党の支持基盤として農
協を敵視していた民主党の意向の反映であろう。この提言は、2010年6月に

閣議決定された「規制・制度改革に係る対処方針」に反映された。

　次に、菅政権下での農協改革の動向を概観する。まず、2011 年 1 月の分科会による「中間とりまとめ」では、「農協の信用・共済事業部門からの農業関係事業部門の自立等による農業経営支援機能の強化」の項目が設けられ、①信用・共済事業部門から農業関係事業部門への補てん額の段階的な縮減を図るための中長期計画の策定（2011 年度計画策定、以降計画に沿って措置）、②農協の経営力強化のための農業協同組合法に基づく農協経営の制度設計の抜本的見直し（2011 年度中措置）、が提言された。その後、2011 年 7 月の第 2 次報告書では、項目名が「農協の農業関係事業部門の自立等による農業経営支援機能の強化」と変更された上で、①は中間とりまとめがほぼ踏襲されたものの、②は「制度設計の抜本的見直し」が削除され、大幅にトーンダウンした。第 2 次報告書は、同月に閣議決定された「規制・制度改革に係る追加方針」に反映された。

　さらに、2011 年 9 月に成立した野田政権下での農協改革の動向を概観する。野田政権下では、同年 3 月に発生した東日本大震災に伴う原発事故を契機とした電力不足を受けて、エネルギー分野の規制・制度改革に焦点があてられ、2012 年の前半に報告書の公表や方針の閣議決定が相次いだ。その後、同年 7 月に閣議決定された「規制・制度改革に係る方針」には、農水省の案件は一つも盛り込まれなかった。他方で、同年 11 月末に閣議決定された「日本再生加速プログラム」には、「新規農協設立の弾力化」が盛り込まれ、「地区重複農協設立等にかかる中央会協議条項について、廃止する方針が得られていることから、関連する法案が提出される機会をとらえて必要な法制上の措置を講じる」（2012 年度以降できる限り早期に措置）と明記された。このように、政権の求心力が急速に失われつつあった野田政権では、農協改革の提言も小粒なものにとどまった。

（6）規制改革会議における提言の特徴

　自民党の森政権から民主党政権に至る規制改革会議の提言を振り返ると、農協改革への姿勢に大きな変化は見られない。つまり、提言の内容は、①ガ

バナンスの改善、②不公正取引への対応、③金融依存体質からの脱却、④全中監査の見直し、の4点におおむね集約される。このうち、①と②については、提言を踏まえた一定の改革が進展した。他方で、③と④については、規制改革会議が大胆な見直しを提起するものの、答申の作成過程での農水省や与党との調整で骨抜きになるというパターンが繰り返されてきた。また、小泉政権や民主党政権の経験から、首相自身の関心や政権の求心力も規制改革会議の影響力を左右することがうかがえる。ただし、2008年の規制改革会議（第1次）の「中間とりまとめ」にあるように、規制改革会議ですら、ガバナンス強化のために全中の指導力の必要性を認めていた点は特筆に値する。

4. 官邸主導の農協改革：2013〜2016年[10]

　本節では、規制改革会議（第2次）の提言を中心に、第2次安倍政権下における農協改革の動向を検討する。図表4-6には、第2次安倍政権下での農協改革の動向を要約した。2012年12月に発足した安倍政権は、TPP交渉参加との関連で「攻めの農業政策」を打ち出した。しかし、2013年6月の規制改革会議の第1次答申では、エネルギー・環境、保育、健康・医療、雇用、創業等が対象とされ、農業に関する本格的な提言は皆無だった。しかし、今後の課題として、「今期検討対象として取り上げたもののうち、農業、保険外併用療養費制度などについては、更に議論を掘り下げ、思い切った規制改革に取り組んでいく必要がある」とされた。このように、農業や医療制度に関する提言を先送りしたのは、答申直後の7月に選挙を控えた参議院で与党が過半数を持っておらず、農協や医師会の反発を避けようとしたとみられる。

　与党が過半数を奪還した参院選後に、規制改革会議に農業ワーキング・グループ（WG）が設置され、その後の2013年11月21日の会合で提示された「今後の農業改革の方向について」と題する文書は異例ずくめだった。第1に、タイトルは「農業改革」だが、内容は「農業団体改革」に限られていた。特に、名指しされたのは農業委員会、農業生産法人、農協という農水省経営局の所管団体で、農村振興局が所管する土地改良区は除かれていた[11]。第2に、「平成21年改正農地法附則第19条第5項」が引用されている。この条項

58

図表 4 - 6　第 2 次安倍政権下での農協改革の動向

月日	事　項
2013年	
1 月24日	規制改革会議（第 2 次）の発足
7 月21日	（参院選）
11月21日	規制改革会議・農業WG「今後の農業改革の方向について」
2014年	
5 月14日	規制改革会議・農業WG「農業改革に関する意見」
5 月21日	自民党新農政における農協の役割に関する検討PT合同会合の開始
6 月10日	与党が「農協・農業委員会等に関する改革の推進について」に合意 →農協改革集中推進期間を 2019 年 5 月末に設定
6 月13日	規制改革会議の第 2 次答申
6 月24日	規制改革実施計画の閣議決定→全中解体が決定
11月 6 日	全中が「JAグループの自己改革について」を策定
11月12日	規制改革会議・農業WG「農業協同組合の見直しに関する意見」
12月14日	（衆院選）
2015年	
1 月20日	自民党農協改革等法案検討PTの開始
2 月 9 日	与党が「与党取りまとめを踏まえた法制度等の骨格」に合意 →全中の一般社団法人化と全中監査の廃止が決定
2 月12日	安倍首相の施政方針演説→「60 年ぶりの農協改革」に言及
4 月 3 日	農協改革法案の閣議決定→8 月 28 日に成立
4 月 7 日	萬歳全中会長が安倍首相と面会
4 月 9 日	萬歳全中会長が辞意を表明
2016年	
3 月31日	規制改革会議・農業WG「生乳流通等の見直しに関する意見」
4 月 1 日	改正農協法の施行→准組合員の扱いは 2021 年 3 月末以降に決定
5 月19日	規制改革会議の第 4 次答申
6 月 2 日	規制改革実施計画の閣議決定→生乳流通改革、生産資材価格形成の見直し
6 月17日	奥原正明農水省経営局長が事務次官に就任
7 月10日	（参院選）
9 月12日	規制改革推進会議（第 1 次）の発足
11月11日	規制改革推進会議・農林WG「農協改革に関する意見」「牛乳・乳製品の生産・流通等の改革に関する意見」
2017年	
5 月23日	規制改革推進会議の第 1 次答申
6 月 9 日	規制改革実施計画の閣議決定→全農改革、生乳流通改革が決定

資料：内閣府規制改革推進室ウェブサイト等を基に筆者作成

は、2009 年の農地法改正の 5 年後をめどに、農地法や農協法等を見直す規定
だが、こうした技術的な条文の引用は異例だった。第 3 に、農業生産法人の
見直しに関して、「企業の農地所有に係る農業関係者の懸念にも配慮しながら」
という農協への配慮事項が、わざわざ明記されていた。

　その後、2014 年 5 月 14 日の農業WGでは、これを具体化した「農業改革に
関する意見」が提示された。農協に関しては、①中央会制度の廃止、②全農
の株式会社化、③単協の専門化・健全化の推進、④理事会の見直し、⑤組織
形態の弾力化、⑥組合員の在り方、⑦他団体とのイコール・フッティング、
の 7 点が挙げられた。特に、全中については、「農業協同組合法に基づく中央
会制度を廃止し、中央会は、新たな役割、体制を再定義した上で、例えば農
業振興のためのシンクタンクや他の団体等の組織としての再出発を図る」と
され、准組合員については、「准組合員の事業利用は、正組合員の事業利用の
2 分の 1 を超えてはならない」とされた。提言の多くはこれまでの規制改革
会議の姿勢を踏襲しているが、単位農協が独自性を発揮するために中央会制
度を廃止するという提言は従来にはなく、唐突感があった。この文書は、5
月 22 日に規制改革会議の意見として改めて公表された。

　これを受けた自民党内の議論は、森山裕が座長を務める「新農政における
農協の役割に関する検討プロジェクト・チーム（PT）」を中心に行われ、自
公両党は 6 月 10 日に「農協・農業委員会等に関する改革の推進について」を
とりまとめた。その内容は、規制改革会議の意見をおおむね踏襲したもので、
准組合員の事業利用については、「正組合員の事業利用との関係で一定のルー
ルを導入する方向で検討する」とした。また、全中については、「単位農協の
自由な経営展開を尊重しつつ、優良事例の横展開や農業者・単位農協の意思
の集約、農協間の連絡・調整、行政との連絡など今後の役割を明確にしてい
く必要がある」とされた。その上で、「以下の方向で検討し、次期通常国会に
関連法案を提出する」と明記されて全中の廃止が決定し、この表現は、同月
の規制改革会議第 2 次答申やそれを受けた規制改革実施計画でも踏襲された。

　①　農協法上の中央会制度は、制度発足時との状況変化をふまえて、他
　　の法人法制の改正時の経過措置を参考に適切な移行期間を設けた上で

現行の制度から自律的な新たな制度に移行する。

②　新たな制度は、新農政の実現に向け、単位農協の自立を前提としたものとし、具体的な事業や組織のあり方については、農協系統組織内での検討も踏まえて、関連法案の提出に間に合うよう早期に結論を得る。

次に、農協法改正案の経過を概観する。上記の決定を受けて、全中は2014年11月6日に「JAグループの自己改革について」を策定し、翌日に萬歳会長が西川公也農相に提出した。自己改革案では、准組合員に対する利用規制は導入しない一方で、全中監査と新たな中央会を農協法上に措置することを求めた。これに対して西川農相は、全中の扱いと准組合員の利用規制を念頭に、「我々が考えていることとずれがある」と述べた。また、規制改革会議の農業WGも、11月12日の会合で「農業協同組合の見直しに関する意見」を提示し、「全中監査の義務付けは廃止することが必要」、「農協法から中央会に関する規定を削除することが適切」、「准組合員利用量の規制は、数値基準も明確にした上で極力早く導入するべき」と明記し、全中による自己改革案を一蹴した。

農協法改正案をめぐる自民党内の議論は、2014年12月の総選挙での中断をへて、吉川貴盛が座長を務める「農協改革等法案検討プロジェクト・チーム（PT）」の2015年1月20日の初会合で本格化した。PTでの論点は、中央会の組織形態、農協の監査、准組合員の利用規制に絞られ、2月8日の農林族幹部・農水省・全中の3者会議で「与党取りまとめを踏まえた法制度等の骨格」が合意されて決着した。その中で、監査については、全中監査を廃止して公認会計士監査を義務づけ、中央会については、都道府県の中央会は農協法上の連合会に移行する一方で、全中は一般社団法人への移行が決定した。また、准組合員の利用規制については、「直ちには決めず、5年間正組合員及び准組合員の利用実態並びに農協改革の実行状況の調査を行い、慎重に決定する」とされた。つまり、准組合員の利用規制を取引材料として、全中に解体を飲ませる形となった。改正農協法は、4月3日の閣議決定をへて、8月28日に成立し、2016年4月1日に施行された。

　全中解体を含む農協改革後も、規制改革会議は農林水産分野の改革を提言し続けた。具体的には、農業WGは 2016 年 3 月に生乳流通改革を新たに提起し、5 月の第 4 次答申には生乳流通改革や生産資材価格形成の見直しが盛り込まれ、翌月に閣議決定された規制改革推進計画に反映された。また、9 月に規制改革推進会議に衣替えした後も、農業WGが 11 月に全農改革や生乳流通改革を提言した。2017 年 5 月の第 1 次答申には、これらに加えて、卸売市場法の抜本的見直し、主要農作物種子法等の廃止、林業や漁業の改革が盛り込まれ、翌月に閣議決定された規制改革推進計画に反映された。さらに、2017 年 11 月の第 2 次答申では、農林水産分野では林業改革に焦点が当たり、2018 年 6 月の第 3 次答申では、漁業改革に重点が移った。このように、第 2 次安倍政権下では、農林水産分野が一貫して規制改革の俎上に載せられた。

5．まとめ

　本章では、1990 年以降の農協改革を概観し、それによって明らかにされた時期毎の特徴は以下の通りである。まず、1992 年から 2004 年までは、農水省主導の穏健な改革が行われ、この間に実施された政治改革や行政改革の影響も見られなかった。次に、2002 年から 2012 年にかけては、規制改革会議が繰り返し農協改革を提言したものの、農協の利害を損なう提言は農水省や与党との調整過程で骨抜きにされた。他方で、第 2 次安倍政権下の 2013 年以降は、規制改革会議が提起した全中解体を含む急進的な改革が実現した。過去の政権の中で、官邸主導を体現し、規制改革会議が農協改革に強い意欲を示し、農協法が改正された点で、小泉政権と第 2 次安倍政権には共通点が多い一方で、農協改革の内容は大きく異なる。次章では、この 2 つの政権下での首相官邸と農政トライアングルの関係を対比することによって、第 2 次安倍政権下で急進的な農協改革が実現した要因を明らかにする。

注
1）立花（1980）の 356 ページ。
2）本節は、主に両角（2017）、農業協同組合制度史編纂委員会（1997）、奥原（2001）による。
3）両角（2017）の 161 ページ。

4) 正式名称は、「農林中央金庫と信用農業協同組合連合会との合併等に関する法律」である。

5) 研究会には、全中の専務で後に参議院議員となる山田俊男も参加している。

6) 正式名称は、「農林中央金庫及び特定農業協同組合等による信用事業の再偏及び強化に関する法律」である。

7) 本節は、主に両角（2017）、増田（2019）による。

8) 川本（1998）を参照。

9) 具体的には、農協、森林組合、漁協の指導と監査を行う中央業界団体である全国農業協同組合中央会、森林組合連合会、全国漁業協同組合連合会を指す。

10) 本節は、主に両角（2017）、飯田（2015）、荒川（2020）による。

11) 土地改良区を束ねる全国土地改良事業団体連合会の会長は、自民党前衆院議員の野中広務から、2015 年に衆院議員の二階俊博に引き継がれた。

第5章　安倍政権下の農協改革の要因

　この章では、小泉政権下と第2次安倍政権下の農協改革を
比較し、首相官邸と農政トライアングルの関係の変化を特定
することによって、第2次安倍政権下で農協改革が実現した
要因を明らかにする。小泉政権下と第2次安倍政権は、官邸
主導を体現し、規制改革会議が農協改革に強い意欲を示し、
農協法が改正された点で共通点が多い。また、農協改革で中
心的な役割を果たした農水官僚も両者で共通している。他方
で、農協改革の帰結に関しては、小泉政権下では穏健な改革
にとどまったのに対し、第2次安倍政権下では全中解体を含
む大胆な改革が実現した。このように両者は、共通点が多い
一方で帰結が異なることから、第2次安倍政権下で農協改革
が実現した要因を明らかにする上で適切な比較対象となっ
ている。

1. 小泉政権と第 2 次安倍政権の比較

　本章では、小泉政権と第 2 次安倍政権の農協改革を比較する。小泉政権と第 2 次安倍政権は多くの共通点がある。まず、与件としては、共に 1994 年の選挙制度改革や 2001 年の行政改革を含む統治機構改革の後に成立し、規制改革会議も存在していた。また、官邸主導を体現したという成果も共通している。さらに、図表 5-1 に示したように、双方の農協改革を主導したキーマンが農水官僚の奥原正明というのも共通点である（コラム 3 を参照）。他方で、農協改革の帰結は大きく異なり、前者では農協に配慮した穏健な改革にとどまったのに対し、後者では全中解体を含む大胆な改革が実現した。特に、個

図表 5-1　農協改革の関係者

主体	ポスト	森・小泉政権 （2000～2004 年）	第 2 次安倍政権 （2013～2015 年）
閣僚	首相	森喜朗→小泉純一郎	安倍晋三
	官房長官	中川秀直→福田康夫 →細田博之	菅義偉
	農相	玉澤徳一郎→谷洋一 →谷津義男→武部勤 →大島理森→亀井善之	林芳正→西川公也 →林芳正→森山裕
農水省	事務次官	高木勇樹→熊澤英昭 →渡辺好明→石原葵	皆川芳嗣→本川一善
	経営局長	石原葵→須賀田菊仁 →川村秀三郎	奥原正明
	協同組織課長	奥原正明→佐藤正典 →山下正行	山北幸泰→小林大樹
	金融調整課長	竹谷広之→奥原正明 →平尾豊徳	小島吉量→山口靖
農林族議員	農林・食料戦略調査会長	谷洋一→堀之内久男 →野呂田芳成	中谷元→林芳正→塩谷立 →西川公也
	農林部会長	松下忠洋→岸本光造 →金田英行→市川一朗 →中川義雄→今村雅弘	小里泰弘→斉藤健 →小泉進次郎
全中	会長	原田睦民→宮田勇	萬歳章→奥野長衛
	専務理事	山田俊男	冨士重夫→谷口肇
規制改革会議	議長	宮内義彦→草刈隆郎	岡素之
	農業WG主査	不在→南場智子→不在 →吉田誠	金丸恭文

資料：吉田（2012）等を基に筆者作成
　注：ポスト名は第 2 次安倍政権時のもので、小泉政権時と異なる場合はそれに対応するものを記載した。

人の思想信条や行動様式は容易に変化しないと考えられる中で、キーマンが同一人物であるにもかかわらず帰結が異なることは、制度変化の影響を示唆している。このように両者は、共通点は多いのに対して帰結が異なっていることから、因果関係を明らかにする上で適切な比較事例といえる。

　次に、具体的な比較の方法について説明する。まず、小泉政権下と第2次安倍政権下において、首相官邸と農政トライアングルの各主体が、それぞれ農協改革にどのように対応したのかを時系列で叙述する。それを小泉政権下と第2次安倍政権下との間で比較することによって、農協改革の帰結に影響を与えた要因を特定する。具体的には、小泉政権下では存在しないのに対して第2次安倍政権下では存在する要因を特定できれば、それが急進的な農協改革が実現した要因と推論することができる。

２．小泉政権下の農協改革

　本節では、2001年と2004年の農協法改正を対象に、小泉政権下の農協改革の特徴を検討する[1]。

　まず、農政トライアングルを構成する3者の関係を見る。まず、農水省と農協は、蜜月とまでは言えないが対話と連携は保たれていた。農協改革案は、農水省内の研究会で検討され、そのメンバーには農協代表として全中も含まれていた。ただし、奥原が主導した2000年の研究会では、信用事業や経済事業に関して農水省が厳しく改革を迫り、両者が対立する場面もあった。奥原は農協に対して、「『組合員のための組織』というより『組織のための組織』」、「メーカーよりも高い資材を売るなら、『JAはいらない』といわれても、いたしかたない」といった、辛辣な批判を浴びせている[2]。また、JAバンク法をめぐっても、農林中央金庫の役員や幹部職員の多くは反対で、農水事務次官に対する奥原の更迭要求も出された[3]。他方で、奥原は、全中の機関誌に寄稿しており、農協と没交渉というわけではない。また、農協法の改正案は、自民党の農林関係部会で従来通り了承を得て国会に提出されている。

　次に、農水省の姿勢に着目する。2001年以降の農水省主導の農協改革は、中央会機能の強化を繰り返し提起している。例えば、2001年の農協法改正で

は、農水省が持っていた農協の模範定款例の作成権限を中央会に移管したり、
中央会監査の対象を拡大したりして、全中を中心とする中央会の機能強化が
図られた。この際に奥原も、「中央会の指導力を高め、JAグループが中央会
を中心に自己責任でやっていける体制を構築する」、「なぜわれわれが中央会
監査を法律上外部監査として位置づけているのかといえば、農協改革におい
てリーダーシップを発揮しようという意欲を農協組織の中でいちばん強く
持っているのが中央会だと思っているから」（いずれも傍点は筆者）と述べてい
る[4]。また、2004年の農協法改正でも、農水省は農協改革を推進する上での
中央会の強力なリーダーシップを求め、指導と監査の両面で全中の権限を強
化した。このように、農協を統括するのは全中との姿勢は一貫している。

　では、農政トライアングルと外部の主体との関係はどうだったのか。端的
に言えば、この時期は、首相官邸や規制改革会議といった外部の主体の農協
改革への影響力はほとんどなかった。確かに、創設されて間もない総合規制
改革会議が、2002年に「信用・共済事業の分社化」を提言し、それがそのま
ま閣議決定されたのは象徴的ではあった。ただし、その拘束力は強いもので
はなく、その後の農協改革にほとんど影響を与えなかった。さらに、首相官
邸が農協改革に深く関与した形跡も見られない。それどころか、第4章で見
たように、2005年に規制改革・民間開放推進会議が農協の信用・共済事業の
分離等を提言しようとした際に、農林族議員の抵抗に遭った小泉首相は、郵
政民営化を優先してあっさりと引き下がっている。

　他方で、規制改革会議が農協改革の議論に影響力を発揮する兆候が見られ
たのも事実である。具体的には、農水省が2003年3月にとりまとめた「農協
改革の基本方向」では、行政の下請けとしての農協の安易な活用を戒め、行
政運営の上で農協と他の生産者団体とのイコール・フッティングを打ち出し
た。これは、2002年12月の総合規制改革会議の第2次答申を意識したもの
と考えられる[5]。ただし、これは法定事項ではなく、実際の制度への影響は
不明確である。他方で、中央会監査に一貫して否定的な規制改革会議も、農
協改革に果たす中央会の役割については、農水省との離齬はなかった。例え
ば、福田康夫政権下ではあるものの、規制改革会議（第1次）による2008年

7 月の「中間とりまとめ」では、規制改革会議もガバナンス強化のために全中の指導力の必要性を認めている。

3．第 2 次安倍政権下の農協改革

　本節では、2015 年の農協法改正について、最大の争点となった全中解体に着目して、第 2 次安倍政権下の農協改革の特徴を検討する。

　まず、農協改革のプロセスを概観する。今回の農協改革は、規制改革会議の提言を受けて全中廃止を決定した 2014 年 6 月の与党合意と、全中監査の分離を決定した 2015 年 2 月の与党合意からなる。このうち前者では、2014 年 5 月 14 日の規制改革会議・農業WGの提言から、6 月後半の規制改革実施計画の閣議決定を念頭においた 6 月 10 日の与党とりまとめまで 1 ヶ月以内である。また、後者でも、2014 年末に衆院選が行われたことで結果的に日程がタイトになった上に、2015 年 2 月 12 日の安倍首相の施政方針演説を期限とすることで、自民党の法案の検討開始から与党合意まで 1 ヶ月未満で終わっている。このように、今回の規制改革会議の提言は、2013 年の参院選後に曖昧な発信で時間を稼いだ上に、窮屈な日程で過激な提言をぶつけて農林族議員や農協に反撃の時間を与えないという戦略的なもので、他の政治日程を考慮して巧妙に練られている点で、首相官邸の深い関与がうかがわれる。

　次に、農協改革に関係する主体の相互関係に着目する。第 4 章で見たように、それまでの規制改革会議の提言は、答申として提示される前に、農協や農林族議員の意向を受けた農水省の抵抗で骨抜きになるのが常だった。しかし今回は、奥原のような改革派の農水官僚が規制改革会議と連携し、提言を実現する方向で理論武装や制度設計を行った。例えば、2015 年 2 月の「法制度等の骨格」の与党合意の直前にも、自民党内で積み重ねた議論を一顧だにせず、全中の解散や准組合員の利用規制を含む急進的な改革案を農水省が提示し、農林族議員が農水官僚を怒鳴りつけることさえあった [6]。このため、従来は農協の意を受けて農水省に圧力をかけてきた農林族議員は、官邸側についた農水省と農協との間に入り、農協に改革の受入れを説いた。こうして味方を失い、准組合員の利用規制を人質に取られた全中は、自らの解体を受

け入れざるをえなくなった。

　さらに、農協改革の重点に注目する。2014 年 5 月の規制改革会議の提言の目玉は全中の廃止であり、「単協が地域の多様な実情に即して独自性を発揮し、自主的に地域農業の発展に取り組むことができるよう、中央会主導から単協中心へ、「系統」を抜本的に再構築する」（傍点は筆者）と明記されている。しかし、農水省は、信用事業や経済事業を含む農協のガバナンス強化のために、全中を中心とする中央会の指導・監査の権限強化を図ってきており、それを推進したのは他ならぬ奥原だった。また、規制改革会議も 2008 年にはそれを肯定していた。このように、全中廃止の提言は従来の農協改革とは対極にあり、農水省や規制改革会議の発案とは考えがたい。官邸幹部は「とにかくJA全中だけ（改革を）やらせてくれれば、他の細かいところはどうでもいいのだ」と述べており [7]、全中解体の背景には、TPP協定や「60 年振りの農協改革」を成長戦略の成果としたい首相官邸の意向がうかがわれる。

　なお、今回の農協改革の要因には、内閣法制局の変化もあると見られる。2015 年の改正前の農協法では、農協組織の規定は第 2 章の「農協・連合会」と第 3 章の「中央会」に大別され、その根拠は、前者が同法第 10 条に列挙された組合員向け事業のために自主的に設立されるのに対し、後者は農協や連合会を指導するために強制的に設置されるという点にあった。このため、役割が同じ全中と都道府県中央会について、旧第 3 章を全て削除しつつ、前者を一般社団法人に転換し、組合員向けの事業を行わない後者を農協法上の連合会とした 2015 年の改正は、農協法の体系にそぐわない [8]。内閣提出法案には内閣法制局の審査が必要で、法的な整合性を重視し高い独立性を持っていた以前の内閣法制局であれば、こうした恣意的な改正を認めなかった可能性が高い [9]。つまり、安全保障関連法を契機に第 2 次安倍政権下で進んだ内閣法制局の首相官邸への従属も、全中解体を可能にした一因と考えられる。

4．まとめ

　本章での分析を踏まえて、図表 5-2 には、小泉政権下と第 2 次安倍政権下の農協改革に関して、農政トライアングルを含む各主体の姿勢を対比した。

図表5-2　農協改革の比較

主体		森・小泉政権 （2000～2004年）	第2次安倍政権 （2013～2015年）
首相官邸		農協改革への関心は低い	全中解体を中心に、農協改革への関心は高い
規制改革会議		農協改革を提言するが、官邸との連携は不十分	官邸と十分に連携した上で、大胆な農協改革を提言
農政トライアングル	農林族議員	農協側に立って、規制改革会議の提言に抵抗	首相官邸の意向を容認し、農協を説得
	農水省	規制改革会議に抵抗する一方で、穏健な農協改革を提案し、中央会の権限強化を推進	規制改革会議と連携し、急進的な農協改革を推進
	農協	信用事業の改革を受け入れ、中央会の権限強化を獲得	農協改革に強く抵抗したが、最終的に全中解体を受入れ

資料：筆者作成

　小泉政権では、首相官邸の農協改革への関心は低く、規制改革会議の首相官邸との連携も不十分で、その影響力は限定的だった。他方で、農政トライアングルは強固で、農水省は一定の農協改革を提起したが、実現したのは主に信用事業で、中央会の権限はむしろ強化された。これに対して、第2次安倍政権では、官房長官の菅を中心に首相官邸の農協改革に対する関心は高く、規制改革会議も官邸と十分に連携して急進的な農協改革を提言し、大きな影響力を持った。また、農水省は水面下で規制改革会議と連携して提言の策定や実現を図り、農林族議員も歯止め役ではなく農協の説得役にまわったことから、農協は全中解体の受入れを余儀なくされた。

　以上から、農協改革が実現した要因は、首相官邸、農林族議員、農水省の変化にある。なぜなら、規制改革会議が農協改革を提言し、農協はそれに反対するという構図は、両方の政権で違いがないからである。そこで問題となるのが、首相官邸、農林族議員、農水省の姿勢が変化した背景である。つまり、解明すべき第1の疑問は、第2次安倍政権下で、なぜ首相官邸がそれほど農協改革に固執したのかである。また、第2の疑問は、従来は農協の応援団として首相官邸や規制改革会議に対峙してきた農林族議員が、なぜ首相官邸に従属するようになったのかである。さらに、第3の疑問は、従来は農林族議員に従属してきた農水省が、なぜ首相官邸や規制改革会議と連携するよ

うになったのかである。第6章では、こうした疑問に応えるために、農協改革を含む農政改革が実現した構造的で根源的な背景を明らかにする。

注

1) 第4章で見たように、2001年の農協改革の発端となる研究会は森政権下で開始されたが、法案の成立時はすでに小泉政権で、2004年の農協改革も小泉政権下で行われたことから、以下では「小泉政権」と表記する。
2) 奥原（2001）の31～33ページ。
3) 奥原（2019）の85ページ。
4) 奥原ら（2002）の11ページ及び27ページ。
5) 両角（2017）の172ページ。
6) 飯田（2015）の139ページ。
7) 飯田（2015）の115ページ。
8) この点について、農水省で官房長等を務めた荒川隆も、「立法技術上無理のある中央会組織形態の分断」と述べている（荒川、2020、27ページ）。
9) 2001年の農協法改正に関して奥原正明も、「法律上の表現としては法制局との関係もあって、従来から使っていた『営農指導』という表現に落ち着いた」（傍点は筆者）と述べており（奥原ら、2002、13ページ）、この時点では内閣法制局は法的整合性に厳格で、独立性も高かったことがうかがえる。

コラム3　農協改革と奥原正明

　農協改革のキーマンと目されるのが、第2次安倍政権下で農水省の経営局長や事務次官を務めた奥原正明である。奥原が農協改革を主導できた主因は、農協制度に精通していたことである。図表5−3に示したように、農協制度を所管する農協課（現協同組織課）に延べ3年半、農協金融を所管する金融調整課（旧金融課）に延べ4年半在籍し、多くの制度改正に関わってきた。キャリア事務官が同じ課に2回勤務することは比較的稀で、その点で奥原は異色である。

図表5−3　奥原正明の農協関連ポスト

期　間	ポスト	農協改革の動向
1992年6月〜1994年6月	経済局金融課課長補佐	
1995年8月〜1997年1月	経済局農業協同組合課組織対策室長	農林中金・信連統合法の制定
2000年1月〜2001年1月	経済局農業協同組合課長	農協系統の事業・組織に関する検討会の開始
2001年1月〜2003年6月	経営局金融調整課長	農林中金法の全面改正 農林中金・信連統合法のJAバンク法への改正 農協のあり方についての研究会の開始
2011年8月〜2016年6月	経営局長	農協法改正（全中解体）
2016年6月〜2018年7月	事務次官	生乳流通改革、全農改革

資料：農林水産省ウェブサイト等を基に筆者作成
　注：ポスト名は奥原が在任中のもので、その後変更されたものもある。

　改革マインドの強さも挙げられる。2004年から3年間にわたって務めた秘書課長時代には、民間企業との人事交流、省内勉強会への支援、ビジョン・ステートメントの制定といった改革を矢継ぎ早に実施した。この時期に農水省で管理職だった筆者は、族議員の言いなりで上意下達的な農水省の組織風土を、個人プレーで自由闊達な経産省のように変えようとしているとの印象を受けた。ただし、こうした取組みは奥原の異動後に尻すぼみとなり、組織に定着しなかった。

　そうした改革マインドは、農協との軋轢もいとわない姿勢につながっている。農水官僚が農協に配慮するのは、農林族議員だけでなく、退官後の再就職先も関係している。特殊法人改革による政府系機関の再就職ポストの減少により、天下り先としての農協への依存度はかえって高まっている。例えば、事務次官経験者は、奥原の前任の本川一善がJA全農（非常勤）、2代前の皆川芳嗣が農林中金総研、3代前の

町田勝弘がJA共済総研にそれぞれ天下った（図表6-16を参照）。これに対して、次官を退任後の奥原は日本農業法人協会の顧問となり、農協とは無縁である。

　奥原が事務次官になったのも、官邸主導の賜である。彼は、大臣秘書官、秘書課長、食糧部長、漁政部長といった有力ポストを歴任したものの、官房長や林野・水産の長官ポストを経験しておらず、従来であれば局長止まりだった。しかし、経営局長在任中に第2次安倍政権が成立し、官房長官の菅義偉の懐刀として農協改革を推進したことで次官への道が開けたのである。

第6章　安倍政権下の農政改革の背景

　この章では、第2次安倍政権下でTPP協定や農協改革のような急進的な農政改革が実現した背景を明らかにする。前章までの分析によって、こうした農政改革の背景には、政策決定過程に関する鉄の三角形モデルから官邸主導モデルへの転換があったことが示唆されたが、それが実現した背景までは明らかにされていない。そこで本章では、農業の構造変化、統治機構改革、安倍首相の理念という、多くの研究者やメディアが挙げる背景についての3つの仮説について、様々なデータに基づいてその妥当性を検証する。

1. 農政改革の背景に関する3つの仮説

　前章までの検討を踏まえると、第2次安倍政権下で農政改革が実現した要因は以下のようにまとめられる。まず、TPP協定については、2012年末の政権復帰後にTPP交渉参加に突き進んだ首相官邸に対して、まず農林族議員が擦り寄って容認し、調整から外された農水省も参加表明後は協力に転じ、農協が孤立して短期間で妥結した。また、農協改革については、改革派の農水官僚が水面下で規制改革会議と連携して急進的な提言を繰り出し、首相官邸の意を受けた農林族議員も容認したことから、農協は全中解体の受入れを余儀なくされた。このように、いずれの事例でも、改革の背後にあるのは、農政の政策決定過程における鉄の三角形モデルの崩壊と官邸主導モデルへの転換である。そこで問題となるのが、そうした転換が起こった背景である。その要因として、研究者やメディアが頻繁に言及する仮説は以下の3つである。

　第1は、農業の構造変化である。農家人口は、1955年の3,635万人から2019年には398万人へと大幅に減少し、総人口に占める割合も、40%から3%に激減した。また、農家人口が減少すれば、農協の組合員や役職員も減少する。さらに、政府の介入が強い米の生産額が減少し、政府による買上げも廃止されて、市場原理の導入が進んだ。このように、票田としての魅力が減ったことによる「政治家の農業離れ」や、農業者の保護への依存度が減ったことによる「農家の政治離れ」が進んだ。図表1-1の鉄の三角形モデルに即してみれば、農協と農林族議員の間の票と保護の交換や、農協と農水省の間でポストと保護の交換が成立しなくなった。そのために農政トライアングルが弛緩し、TPP協定や農協改革のような農政改革が実現したという仮説である。

　第2は、統治機構改革である。1990年代以降に実施された統治機構改革には、衆議院の選挙制度改革や定数是正、政治資金制度改革といった政治改革、内閣機能の強化や公務員制度改革を含む行政改革、市町村合併によって地方の首長や議会議員が激減した地方分権改革等がある。これらの結果として、自民党内では総裁を中心とする執行部への集権化、政府内では首相を中心とする首相官邸への集権化が進み、図表1-2に示したような官邸主導モデルが確立し、農政改革が実現したという仮説である。ただし、政治改革は1990

年代半ば、行政改革は 2001 年で、その後の小泉政権や第 1 次安倍政権を含む歴代政権は同様の農政改革を行っていないことから、第 2 次安倍政権に限って農政改革が実現した理由としては説得力に乏しい。他方で、こうしたタイムラグの存在を合理的に説明できるのであれば説得力を持とう。

　第 3 は、安倍首相の理念である。官邸主導モデルの確立を肯定するにしても、それは首相が重視する政策が実現しやすくなることを示すだけで、それが農政改革だった理由の説明にはなっていない。この点については、第 2 次政権下の安倍首相は、今井尚哉や長谷川榮一のような経産省出身者を「官邸官僚」として重用し、「アジアの成長を取り込む」といったスローガンに代表されるように、経産省の主張を色濃く反映した経済成長重視の政策を推進した。また、安倍首相は、安全保障関連法の成立や国家安全保障局の創設のような安全保障政策を重視し、TPP 交渉参加にも、日米同盟の強化を通じて中国の脅威に対抗するという安全保障上の思惑があった。こうした理念は、経済成長や安全保障につながる TPP 協定と整合的で、その障害となる農協改革も、成長戦略における規制改革の目玉となる。つまり、第 2 次安倍政権下での農政改革の根源的な背景は、安倍首相の理念にあるという仮説である。

　これらの仮説は、いずれももっともらしい。しかし、これまでの研究者の著作やメディアの報道では、単なる指摘のみで十分な証拠は示されていない [1]。このため本章では、第 2 次安倍政権における農政改革の構造的で根源的な背景について、農業の構造変化、統治機構改革、安倍首相の理念という 3 つの仮説の妥当性をデータに基づいて検証する。

2．農業の構造変化

（1）政治家の農業離れ

　本節では、農業の構造変化が農政改革に与えた影響について検証する。まずは、政治家の視点から、農家人口が減少し農家票の魅力が減ったために、第 2 次安倍政権下で農政改革が実現したという仮説を検証する。図表 6-1 には、総人口に占める農家人口の推移を示した。農家人口は、1955 年の 3,635

万人から2019年には398万人へと大幅に減少し、総人口に占める割合も、40％から3％に激減した。しかし、農家人口の減少は、第2次安倍政権下で起こったわけではなく、1950年代からずっと続いていることから、それが農政改革の要因とは言えない。そもそも、農政改革のような突発的な事象を、農家人口の減少のような継続的な要因で説明するのは無理がある。農家人口の減少が原因というのであれば、農政改革は例えば2000年や2010年に起こってもおかしくないが、実際には起こっていないからである[2]。

　ただし、図表6−1は全国の数値で、地域毎のばらつきは考慮されていない。実際に、2015年において農業就業者が総就業者に占める割合は、最高の青森県の10.2％から、最低の東京都の0.4％まで大きな開きがある[3]。そこで図表6−2には、衆議院の選挙区毎に農業就業者が総就業者に占める割合を算出した上で、各選挙区が全選挙区に占める割合を5段階で示した。中選挙区制下の1976年には、511選挙区のうち農業就業者の割合が2割以上の選挙区は287

図表6−1　総人口に占める農家人口の推移

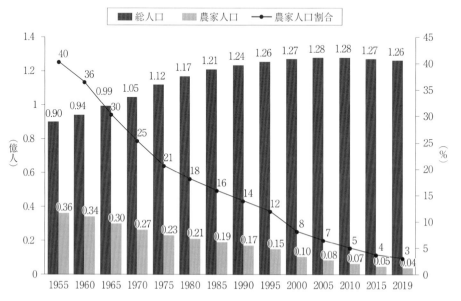

資料：総務省「国勢調査」、農林水産省「農林業センサス」、「農業構造動態調査」を基に筆者作成

図表6-2　農業就業者割合別の衆議院選挙区割合の推移

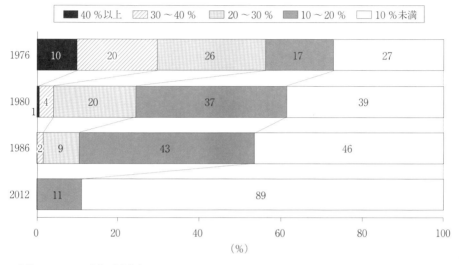

資料：Mulgan (1997)を基に筆者作成
　　注：各年は衆院選の実施年で、2012年の数値は2010年の「国勢調査」を用いて筆者が追加した。

で、全体の56％を占めていた。また、農業就業者の割合が3割以上4割未満の選挙区が20％を占める101で、4割以上の選挙区も10％を占める51あった。これに対して、小選挙区比例代表並立制への変更後の2012年には、農業就業者の割合は青森4区の19％が最高で、農業就業者割合が1割以上の選挙区は全体の11％に相当する33に激減した。このように、大半の地域では、国政選挙における農業票の影響力は大きく減退している。

（2）農家の政治離れ

　ここでは、農業の構造変化が農政改革に与えた影響について、農業者の観点から、政府の農業への介入が減少したために、農業者が政治に依存しなくなったという仮説を検証する。まず、図表6-3には、衆院選における投票率の推移を市区部と町村部に分けて示した。ここで町村部には農業者以外の住民も居住しているが、農業者に限った国政選挙での投票率のデータはないことから、便宜的に町村部を農村部と解釈する。衆院選の投票率は、1990年代

図表6-3　衆院選における投票率の推移

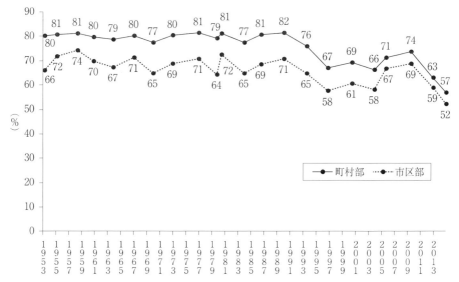

資料：総務省「衆議院議員総選挙・最高裁判所裁判官国民審査結果調」(2016年3月)を基に筆者作成

までは町村部が市区部を10ポイント程度上回っていたものの、2010年代にはその差は小さくなっている。国政選挙の投票率は、有権者が投票で農業保護や公共事業といった便益が得られれば上昇することから、農村部の政治家への依存は弱まっており、都市部との差はなくなりつつあると考えられる。

　次に、図表6-4には、1955年の結党以来ほとんど与党で、農業者の支持率が高いとされる自民党への国政選挙時の支持率の推移を示した。総体としては、農林漁業者の支持率は全体よりも常に高いものの、長期的にその差は縮まりつつある。具体的には、農林漁業者の支持率は、2000年代前半までは全体を30ポイント以上上回っていたものの、その後は20ポイント台に低下し、2010年代半ばには10ポイント台まで縮まった。しかし、最近では、TPP協定や農協改革のような農政改革の実施にもかかわらず、農林漁業者の自民党への支持率は回復傾向にあり、全体との差も拡大しつつある。こうした傾向から、自民党への農業者の支持は依然として底堅いと考えられる。

図表6-4　自民党に対する支持率の推移

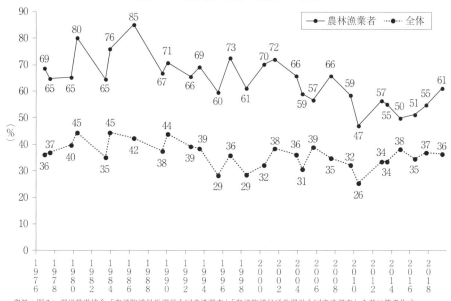

資料：明るい選挙推進協会「衆議院議員総選挙全国意識調査」「参議院議員通常選挙全国意識調査」を基に筆者作成
注：衆院選は小選挙区、参院選は選挙区（都道府県単位）の数値である。

　しかし、政党への支持率は、投票率と必ずしも一致しない。そこで図表 6
-5 には、国政選挙時における農林漁業者の支持率と投票率の推移について、
自民党と野党第一党に分けて示した[4]。総体としては、農林漁業者の投票率
は、自民党が野党第一党よりも常に高いという傾向は変わらない。しかし、
興味深いのは、自民党への支持率と投票率の乖離が 2000 年以降に拡大してい
ることである。すなわち、2000 年代には、自民党への投票率は支持率よりも
低く、野党第一党への投票率が上昇していることから、農林漁業者が野党の
政策を評価して自民党から鞍替えしたことがうかがえる。これに対して 2010
年代には、自民党への投票率は支持率よりも高いことから、自民党の政策に
不満を感じつつも、不本意ながら自民党に投票している農林漁業者も多いこ
とを示唆している。

80

図表 6-5　農林漁業者の支持率と投票率の推移

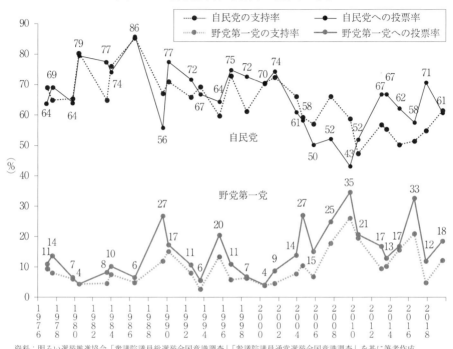

資料：明るい選挙推進協会「衆議院議員総選挙全国意識調査」「参議院議員通常選挙全国意識調査」を基に筆者作成
注：衆院選は小選挙区、参院選は選挙区（都道府県単位）の数値である。

　さらに、農協の集票力を表す指標として、図表 6-6 には参院選に農業団体が擁立した候補者の得票数の推移を示した。参院の全国区には、農協が全国農政連、土地改良区が全国土地改良事業団体連合会（全土連）を通じて、それぞれ候補者を擁立し、1983 年に比例区に変更後も続けられている。まず農協は、全国区時代から農水省OBを擁立して議席を得てきたが、2004 年の日出英輔の落選を受けて方針を転換し、2007 年には元全中専務の山田俊男が約 45 万票を獲得して当選した。その後、山田俊男は 3 選し、2016 年には元農協組合長の藤木真也も約 24 万票で当選したが、農協擁立候補の得票数は減少している。他方で全土連は、農水省OBの擁立を続けており、2007 年の段本幸男の落選でいったん途絶えたものの、2016 年以降は進藤金日子と宮崎雅夫が相次いで議席を得ている。このように、全土連を上回ってはいるが、農協の集

図表6-6　参院選での農業団体擁立候補者の得票数の推移

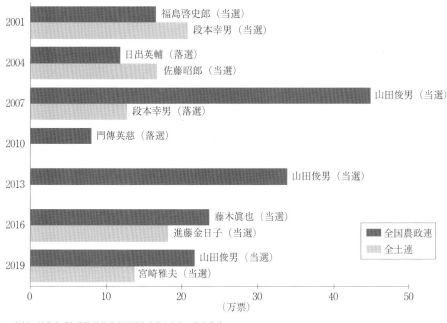

資料：総務省「参議院議員通常選挙結果調」を基に筆者作成
注：1998年までは候補者名で投票できない拘束名簿式のため、候補者名で投票できる非拘束名簿式が導入された2001年以降に限った。

票力はピーク時の2007年より大幅に落ちている。

　なお、2000年代半ばに全国農政連の推薦候補が農水省OBから農協OBに代わったことは、農協の農水省離れも意味している。農協の支援によって、1971年に檜垣徳太郎（元農林次官）、1980年には大河原太一郎（同）が参議院全国区で初当選し、農協が農水省OBを支援する構図は、比例区に変更後も2000年代初めまで続いた。こうした支援が可能だったのは、本来は選挙運動が禁止されている農水省が、農協と水面下で協力していたからである。しかし、1990年代には、比例代表選に絡んだ役所と団体の癒着や霞が関を巻き込んだ選挙違反事件が表面化し、役所挙げての比例代表選は終焉しつつあった[5]。こうして参院選で農協が農水省OBの支援を止めることは、図表1-1の枠組みによれば、農協が農水省に提供する重要ポストが減ることを意味し、農水

省が農協に配慮する必要性を減らすことにつながった。

　これまでは、主に投票行動を通じて農家の政治離れを検証してきたが、その背景には農産物の構成の変化もある。図表6−7には、品目別の農業産出額の推移を示した。米の産出額は、1955年には総産出額の52％を占めていたが、日本人の米離れにより一貫して減少し、2018年には19％に低下している。一方で、畜産の産出額は1999年以降に米を上回り、2004年以降は野菜も米を上回るようになった。他方で、品目別の保護水準は、778％という高関税や多額の転作助成金に象徴されるように米が最も高いのに対して、畜産物は中程度で、野菜は関税率も一桁台と低い。さらに、価格形成についても、米の政府買入は1995年に廃止され、市場原理の導入が進んでいる。このように、米生産の縮小といった農産物の品目構成の変化によって、農業者の保護政策に対する依存度が低下し、政治離れが加速したと考えられる。

　ただし、農家数で見れば、米のウエイトは依然として大きい。図表6−8には、販売金額の1位が稲作の販売農家数（稲作農家数）の推移を示した。稲

図表6−7　品目別の農業産出額の推移

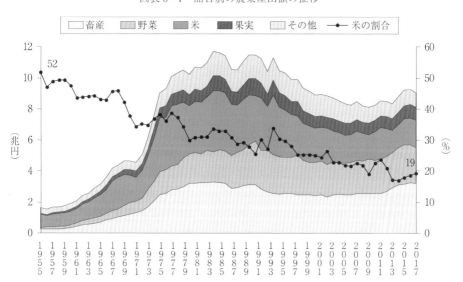

資料：農林水産省「生産農業所得統計」を基に筆者作成

図表6-8　販売金額の1位が稲作の販売農家数の推移

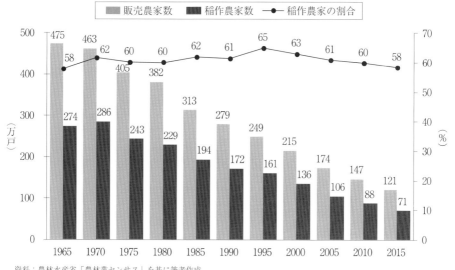

資料：農林水産省「農林業センサス」を基に筆者作成
注：1985年以降は販売農家の定義変更のため、それ以前とは接続しない。

作農家数が販売農家数に占める割合はほぼ6割で、最近はやや低下傾向にあるものの、過去50年間で大きくは変化していない。このことは、農協の構成員も、総体としては米農家が多いことを示しており、米政策が農協にとって最大の関心事であることには変わりがない。それでも、稲作農家数自体は、過去50年間で274万戸から71万戸へと約4分の1に減少しているため、政治家にとって票田としての米農家の重要性は低下しており、これが冒頭で述べた「政治家の農業離れ」につながってくる。

3．統治機構改革

（1）政治改革

　政治改革とは、1994年に成立した政治改革四法（公職選挙法の改正、衆議院議員選挙区画定審議会設置法の制定、政治資金規正法の改正、政党助成法の制定）による改革をいう。政治改革には3つの柱がある。第1は、衆議院の選挙制度

の中選挙区制から小選挙区比例代表並立制への変更である。制度改正時には、定数1の選挙区が300議席、全国11ブロックの比例区が200議席とされた。また、比例区の候補者は選挙区に重複立候補ができ、比例名簿の順位が同一の場合は、比例区の当選者は選挙区の惜敗率で決まる。第2は、政党交付金制度の導入である。それまでの政治家の資金源は、企業や団体からの献金が主流だったが、それを制限する代償として政党に国から交付金が支給されることになった。第3は、参議院を含めた議員定数の不均衡の是正であり、その詳細は後述する。その上で、政治改革が第2次安倍政権下での農政改革につながったという仮説は、おおむね以下のようなものである。

　まず、中選挙区制の特徴と帰結について説明する。1選挙区の定数がほぼ3〜5名の中選挙区制では、自民党が衆議院で過半を得るために、同一の選挙区内で複数の候補者が競合する。このため、政治家は個人後援会を組織し、党ではなく個人の政策を訴える。選挙やポスト配分等で政治家を支援するのも党ではなく派閥であり、自民党は派閥の連合体となる。また、中選挙区では、当選に必要な得票数は平均で2割程度と低い。このため、農業、商工業、公共事業といった個別分野の族議員となることが、議員同士の競合を避け、関係業界からの集中的な得票で当選確率を高める上で合理的となる。この結果、自民党は派閥や族議員といった単位で分権化し、首相でもある総裁は政治資金やポストの配分で党内を統制することができないため、首相が思うような改革は進まない。

　これに対して、小選挙区制の特徴と帰結は以下のようになる。小選挙区制では、各党の候補者は1名に限られるため、党の公認を得ることが死活的に重要になる。それは、選挙で個人後援会よりも政党支部が重要な役割を果たすことに加えて、小選挙区での落選者が比例区で復活当選できるのは政党所属候補のみで、政党交付金も政党に所属していなければ得られないからである。また、定数が1名の小選挙区では、当選に必要な得票数は最大で5割に上昇するため、農協のような特定の利益集団に依存するのではなく、より広範な有権者から得票する必要がある。こうした結果、自民党内では候補者の公認権や政党交付金の配分権を握る総裁の力が強まる一方で、派閥や族議員

の力が弱まって集権化し、総裁である首相が重視する改革が実現する。

　これらは、政治改革が政治家に与える影響であるが、それは農協のような利益集団に対しても反射的に影響する。上記のように、当選に必要な得票数が低い中選挙区制では、特定の関係業界からの集中的な得票で当選することができるため、農協は自らの主張に理解を示す候補者を支援し、当選した自民党議員も支援に応える誘因を持つ。これに対して、当選に必要な得票数が大幅に上昇する小選挙区制では、農協のみの支援で候補者が当選することは困難で、当選した自民党議員の側も、与党議員は選挙区に1名しかいないことから、特定の業界のみに利益誘導する誘因を持たない。この結果として、農林族議員は農協よりも自民党総裁に従順になり、農協も政治活動が低下して農政トライアングルが弛緩し、農政改革が実現しやすくなる。

　ただし、こうした仮説には異論もあり、その最たるものは政治改革と農政改革とのタイムラグの大きさであろう。政治改革四法の成立は1994年で、それに基づいて最初の小選挙区比例代表並立制による衆院選が行われたのは1996年である。他方で、本書で取り上げた第2次安倍政権下での農政改革が始まったのは2013年で、両者には20年近いタイムラグがある。このため、仮に1990年代の政治改革が2010年代の農政改革の要因と主張するのであれば、両者の因果関係とタイムラグの理由を説明する必要がある。

①定数不均衡の是正

　まずは定数是正の効果を検証する。自民党が伝統的に農村を重視してきた要因として、当選に必要な票数が、地方の選挙区では少なく都市の選挙区では多い「一票の格差」が指摘されてきた。このため、政治改革の一環として都市と地方の定数不均衡が是正されれば、自民党は都市の有権者をより重視するようになり、農政改革が進展すると考えられる。そこで図表6-9には、衆参両院の選挙時における最大格差の推移を示した。この数値は、議員1人当たりの有権者数が最多の選挙区が最小の選挙区の何倍かを表す。衆議院では定期的な定数是正によって一票の格差は縮小してきたものの、参議院では、1980年代まで放置されてきた。これに対して、1993年の公職選挙法改正によっ

図表6-9　衆参両院の選挙時における最大格差の推移

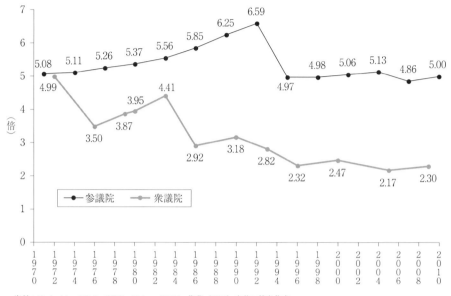

資料：Horiuchi and Saito（2003）、Mulgan（2005）、佐藤（2011）を基に筆者作成

　て衆参両院共に定数是正が図られ、その効果は特に参議院で顕著だった。

　　ただし、図表6-9に示した一票の格差は、有権者数が最多と最小の選挙区の比較に過ぎず、定数是正に伴う都市と地方の議席数の変化を表すものではない。このため、図表6-10には、衆議院における地方議席数の割合の推移を示した。ここで「地方議席数」とは、比例区の11ブロックのうち、北海道、東北、北陸信越、中国、四国、九州の各ブロックにおける小選挙区と比例区の議員定数の合計である [6]。1990年までは地方の議席割合はほぼ半分で、自民党は地方で多くの議席を獲得することによって、全体でおおむね過半数を維持してきた。これに対して、政治改革後の1996年以降は、地方議席の割合は4割台前半に低下し、自民党は3回連続で過半数を割り込んだ。つまり、政治改革に伴う定数是正によって、地方で多くの議席を確保して過半数を得る自民党の従来の戦略は成立しなくなった [7]。

　　しかし、2005年以降はこうした傾向が一変し、その発端は2005年の郵政

図表6-10　衆議院における地方議席数の割合の推移

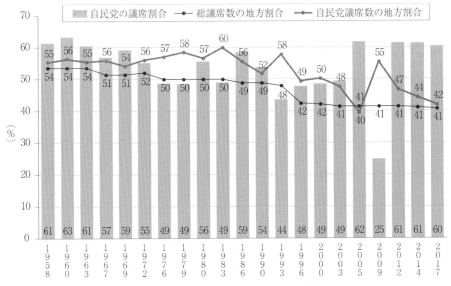

資料：総務省「衆議院議員総選挙・最高裁判所裁判官国民審査結果調」を基に筆者作成

選挙である。この際に、296 議席を獲得した自民党では、都市部でも大勝したことで、自民党議席数の地方割合（40%）が総議席数の地方割合（41%）を初めて下回り、都市選出議員が明確な多数派になった。その後自民党は、2009年の衆院選で大敗して下野し、自民党議席数の地方割合も 55%に上昇して、地方選出議員が多い政党に逆戻りした。しかし、2012 年の衆院選に勝って政権に復帰し、2014 年と 2017 年の衆院選でも連続して勝利している。この間に、自民党議席数の地方割合は 47%、44%、42%と徐々に低下し、総議席数の地方割合との乖離はほぼ消滅した。つまり、自民党は政権を維持する上で、総議席数の4割に低下した地方票に依存するのではなく、総議席数の6割を占める都市部での得票がより重要になっている [8]。

②選挙制度の改革

次に、小選挙区制の導入が農林族議員に与えた影響について検証する。政

治改革の議員行動への影響については、政治学を中心に多くの研究がある。その中でも、最新の成果を網羅した政治学者の濱本真輔の著作に依拠して、まずは全般的な傾向を把握する。濱本は、自民党の衆院議員を対象に、福島、茨城、鳥取の3県から選出された32名の部会参加や圧力団体との接触と、1983年初当選の18名と1996年初当選の24名を合わせた42名の国会での発言を、選挙制度改革前後で比較した[9]。この結果、各議員は選挙制度改革後に政策活動を増加させ、従来よりも幅広い分野にかかわり、「仕切られた利益の代表」から「広範な利益の代表」へと変化したことが分かった。つまり、上記の仮説が示すように、政治家の利益集団との接触は、選挙制度が与える誘因によって、「族議員型」から「全方位型」に変化したと考えられる。

　続いて、選挙制度改革の農林族議員への影響を検証する。図表6−11には、自民党で農林関係の主要なポストに就いた議員の推移を示した。1990年以降で農林族議員の構成が変化したのは、自民党が分裂した1993年、郵政選挙が行われた2005年、第2次安倍政権が発足した2012年以降、の3回である。まず、1993年の前後では、羽田孜らが離党したものの、主要ポストは、山本富雄、保利耕輔、中川昭一といった従来の農林族議員で占められている。次に、2005年の前後では、野呂田芳成や保利耕輔らが離党したものの、谷津義男や松岡利勝は健在で、保利耕輔も復党後に農林・食料戦略調査会長になった。他方で、第2次安倍政権では、政権復帰直後の2013年には主要ポストは農林族議員で占められていたが、その後は農林族議員ではない林芳正、塩谷立、齋藤健、小泉進次郎らが幹部に就任した。つまり、農林関係ポストの「脱農林族化」が起こったのは、第2次安倍政権の発足後である。

　さらに、第2次安倍政権の前後に絞って、農林族幹部の構成の変化を検証する。図表6−12には、農林幹部会のメンバーの推移を示した。ここで「農林幹部会」とは、現職の調査会長・部会長や農相経験者といった農林族幹部が参加し、重要事項を決定する会合である。まず、自民党が下野する前の2008年には、メンバーは18名と多く、全員が農林族議員だった。また、その3分の2は、中選挙区制下で初当選した議員が占めていた。次に、第2次安倍政権の成立直後の2013年では、メンバーは15名と多く、宮路和明（元農水

図表6-11　自民党農林関係の主要ポストの推移

年	農林・食料戦略調査会長	農業基本政策検討委員長	農林水産貿易対策委員長	農林部会長
1990	佐藤　隆	大河原太一郎	羽田　孜	柳沢伯夫→上草義輝
1991	山本富雄	↓	保利耕輔	柳沢伯夫
1992	↓	↓	↓	
1993	↓	↓	↓	中川昭一
1994	↓	中川昭一	↓	
1995	堀之内久男	↓	桜井　新	二田孝治
1996	玉沢徳一郎	↓	↓	松岡利勝
1997	谷　洋一	松岡利勝	↓	↓
1998	↓	↓	↓	宮路和明
1999	↓	↓	↓	松下忠洋
2000	堀之内久男	松下忠洋	中川昭一	岸本光造
2001	↓	松岡利勝	↓	金田英行
2002	↓	↓	↓	市川一朗
2003	野呂田芳成	↓	桜井　新	中川義雄
2004	↓	松下忠洋	↓	今村雅弘
2005	谷津義男	松岡利勝	亀井善之	西川公也
2006	↓	遠藤武彦	松岡利勝→大島理森	近藤基彦
2007	保利耕輔	西川公也	谷津義男	↓
2008	↓	↓		↓
2009～2012	野党			
2013	中谷　元	宮腰光寛	森山　裕	小里泰弘→齋藤　健
2014	林　芳正	↓	野村哲郎	↓
2015	塩谷　立→西川公也	↓	廃止	小泉進次郎
2016	↓	↓		↓
2017	塩谷　立	↓		野村哲郎
2018	↓	小野寺五典		↓
2019	↓	↓		↓
2020	↓	↓		宮下一郎

資料：吉田（2012）等を基に筆者作成
　注：ポストの名称は本書の執筆時点であり、名称が変更されている場合はそれに対応するものを記載した。

図表6-12　自民党農林幹部会メンバーの推移

氏　名	初当選年	2008年	2013年	2014年
加藤　紘一	1972	○		
保利　耕輔	1979		○	
中川　昭一	1983	○		
大島　理森	1983	○	○	
若林　正俊（参）	1983（衆）	○		
谷津　義男	1986	○		
二田　孝治	1986	○		
武部　勤	1986	○		
石破　茂	1986	○		
遠藤　武彦	1986	○		
宮路　和明	1990	○	○	
赤城　徳彦	1990	○		
中谷　元	1990	○	○	○
今津　寛	1990		○	
山本　拓	1990		○	
市川　一朗（参）	1995	○		
西川　公也	1996	○	○	○
岩永　峯一	1996	○		
宮腰　光寛	1996	○	○	○
今村　雅弘	1996		○	
佐藤　昭郎（参）	1998	○		
森山　裕	1998（参）		○	
加治屋　義人（参）	2001	○		
葉梨　康弘	2003		○	○
野村　哲郎（参）	2004		○	○
小里　泰弘	2005		○	
赤澤　亮正	2005			○
牧野　京夫（参）	2007		○	
山田　俊男（参）	2007		○	
齋藤　健	2009			○
合　計		18名	15名	7名

資料：吉田（2012）を基に筆者作成
注：氏名の（参）は参議院議員を指し、それ以外は衆院議員である。

官僚)、山田俊男（全中出身）のような農林族議員が依然として大半だった。他方で、中選挙区制下で初当選した議員は 4 割に減少した。これに対して、2014 年には、メンバーは 7 名に減少し、山田俊男が外れる一方で、齋藤健が加わった。さらに、中選挙区制下で初当選したのは中谷元のみとなった。つまり、農林幹部会の構成は、第 2 次安倍政権の発足後に大幅に変化した。

　図表 6-12 に示した農林幹部会メンバーの変化は、政治改革と農政改革のタイムラグの一因を示唆している。前出の濱本は、中選挙区制下でキャリアを形成した衆院議員は、小選挙区制への移行後も族議員の行動様式を維持する一方で、小選挙区制下でキャリア形成した議員はそれと異なることを示した[10]。つまり、2009 年に自民党が下野するまでは、農林族の幹部には個人名を訴えて中選挙区制で初当選した議員が多かった。しかし、2009 年や 2012 年の衆院選で中川昭一、谷津義男、二田孝治、加藤紘一らの大物議員が落選し、政権復帰後の 2013 年には世代交代が進んだ。さらに、2014 年には、保利耕輔や大島理森らのベテランが外れて小選挙区制下で初当選した議員が大半となり、全中出身の山田俊男も排除された。つまり、党首に従属するという政治改革の効果は、世代交代によって徐々に発現したために、1994 年の決定から 2013 年以降の農政改革までのタイムラグが生じたと考えられる。

　閣僚への任命権も首相が持つ人事権であり、図表 6-13 には、第 2 次安倍政権における農水省政務三役の推移を示した。その特徴は、徹底した論功行賞である。例えば、農林族議員の西川公也は、自民党TPP対策委員長としてTPP交渉参加や日豪EPA妥結に貢献した後の 2014 年に農相に就任した。同様に、農林族議員の森山裕も、新農政における農協の役割に関する検討PT座長として農協改革に貢献し、2015 年に農相に任命された（コラム 4 を参照）。また、元経産官僚の齋藤健は、2013 年に当選 2 回で農林部会長に抜擢されて農協改革等を推進し、副農相をへて 2017 年に農相になった。さらに、元々は商工族の吉川貴盛も、TPP交渉での北海道の農業団体対策や農協改革等法案検討PT座長として農協改革を推進し、2018 年に農相に起用された。これに対して、農水省に近い農林族議員の宮腰光寛は、2018 年 10 月の内閣改造で沖縄・北方相で入閣したが、農相には任命されなかった。

図表6-13 第2次安倍政権下の農水省政務二役の推移

	大臣	副大臣		政務官	
2012年12月 ～2014年9月	林　芳正	江藤　拓	加治屋　義人 →吉川　貴盛	長島　忠美 →小里　泰弘	稲津　久 →横山　信一
2014年9月 ～2014年12月	西川　公也	阿部　俊子	小泉　昭男	中川　郁子	佐藤　英道
2014年12月 ～2015年10月	西川　公也 →林　芳正	阿部　俊子	小泉　昭男	中川　郁子	佐藤　英道
2015年10月 ～2016年8月	森山　裕	伊東　良孝	齋藤　健	加藤　寛治	佐藤　英道
2016年8月 ～2017年8月	山本　有二	齋藤　健	礒崎　陽輔	細田　健一	矢倉　克夫
2017年8月 ～2017年11月	齋藤　健	礒崎　陽輔	谷合　正明	野中　厚	上月　良祐
2017年11月 ～2018年10月	齋藤　健	礒崎　陽輔	谷合　正明	野中　厚	上月　良祐
2018年10月 ～2019年9月	吉川　貴盛	小里　泰弘	高鳥　修一	濱村　進	高野　光二郎
2019年9月 ～2020年9月	江藤　拓	伊東　良孝	加藤　寛治	河野　義博	藤木　眞也

資料：首相官邸ウェブサイトを基に筆者作成
　注：下線は2013年までの農林幹部会メンバーを含む伝統的な農林族議員である。

③民主党政権の遺産

　第2次安倍政権における農政改革の実現は、長期政権によるところも大きい。例えばTPP交渉については、日本の参加表明から妥結までに2年半、米国の離脱を受けたCPTPPの発効までには6年近くかかっている。また、農協改革についても、規制改革会議の提起から改正農協法の施行までにほぼ2年を要している。このように、大胆な政策変更には一定の期間が必要で、政権の長期継続が不可欠となる。第2次安倍政権がそれを実現した要因としては、政権交代可能な野党が不在という敵失も大きい。こうした問題意識を踏まえて、選挙制度改革との関連で、第2次安倍政権下で農政改革を可能とした民主党政権の遺産について検討する。

　第1は、政権奪還に伴う安倍首相の求心力と自民党の集権化の強まりである。自民党にとっては、2009年9月に下野してから3年以上の野党生活を強いられた後での2012年末の政権復帰であり、それを実現した安倍首相の求心

力は大いに高まった。与党に復帰すれば、政府内の政務三役や衆参両院での委員長といったポストの配分を受けられ、政治献金も集まりやすくなるといった多くのメリットがある。安倍首相によるTPP交渉への参加表明は、政権復帰から3ヶ月も経っておらず、与党に復帰した現職議員や、新たに当選した新顔・元職の議員が、政権復帰の功労者である安倍首相に逆らうことは困難だった。このように、民主党政権誕生による下野をへた後での政権復帰であったからこそ、官邸主導の決断が可能になった面がある。

　第2は、民主党政権からの政治主導の継承である。安倍は、首相在任中に「悪夢のような民主党政権」というフレーズを多用した。しかし、第2次安倍政権の官邸主導は、実際には民主党政権の遺産に負っている面もある。例えば、政策会議への副大臣や政務官の能動的な参加は、政務三役を中心とする「政治主導」を掲げた民主党政権で確立され、第2次安倍政権でも継承された[11]。また、民主党政権下では、農協は政策決定から外されて自民党との結びつきが弱まり、自民党の政権復帰後も元には戻らなかった[12]。こうした民主党政権で確立された慣行が、第2次安倍政権における官邸主導の政策決定にも寄与しており、安倍にとっては民主党政権の正の遺産とも言える。

　第3は、野党の離合集散である。第2次安倍政権発足時に野党第一党だった民主党は、2013年末の維新の党との合併後に民進党に改称したが、2017年の衆院選時に衆院議員が希望の党と立憲民主党に分裂し、2018年の民進党と希望の党の合併による国民民主党の設立をへて、分裂が続いている。このように、野党が離合集散を繰り返している限り、自民党が政権を失うリスクはほとんどない。しかし、同じ選挙制度の下で、自民党が集権化する一方で野党が分裂しているのは不可解である。その背景には、2位以下でも当選できる衆議院の重複立候補制や参院の複数区の存在によって、元々まとまりの弱い旧民主党では、政党や党首の人気が落ちると政党名を外す方が選挙で有利になり、離党や分裂が促進されるとの事情がある[13]。こうした効果は、二大政党制を促すとされた選挙制度改革が想定しなかった負の側面である。

（2）行政改革

　行政改革は、1998年に成立した中央省庁等改革基本法に基づいて2001年に実施された中央省庁の再編と内閣機能の強化を指すことが多い。それを推進した首相の橋本龍太郎の名を冠して、「橋本行革」と呼ばれることもある。しかし、中央政府の機能に関する改革は、2001年の橋本行革に限られるわけではなく、その後の特殊法人等改革、公益法人制度改革、公務員制度改革等も含まれる。このうち本項では、農水省がそのまま維持された中央省庁の再編は検討の対象外とし、第2次安倍政権下での農政改革の要因として特に言及されることが多い、内閣機能の強化と公務員制度改革を中心に検証する。

①内閣機能の強化

　内閣機能の強化は橋本行革の目玉とされた。その背景にあるのは、日本では各大臣が所管省庁の業務を管理する分担管理原則が徹底され、各省庁の官僚は族議員や所管業界と結託して現状維持に固執するため、首相のリーダーシップによる制度改革が困難という問題意識である。これを受けて、橋本行革による内閣機能の強化は、①首相の権限強化（重要方針の発議権の付与、首相補佐官の増員等）、②内閣官房の権限強化（重要方針の企画立案権の付与、内閣広報官等の政治任用職の増員等）、③内閣府の権限強化（総合調整を行う内閣府や経済財政諮問会議等の重要政策会議の設置、特命担当大臣の導入等）、という3つの階層から成る[14]。ただし、橋本行革の実施は2001年で、その後は大きな変更はないことから、ここで検討すべきは、第2次安倍政権が統治機構改革の成果を活用し、それが農政改革につながったのか否かである。これを踏まえて、内閣機能の強化と農政改革との関係を順に検討する。

　まず、「首相の権限強化」について検討する。第2次安倍政権では、経産官僚が官邸官僚として重用され、「経産省内閣」と呼ばれた。ここで「官邸官僚」とは、各省庁から首相官邸に出向中の官僚や、退官後に首相官邸に政治任用された元官僚を指す。図表6-14には、安倍政権の官邸官僚について、第1次政権と第2次政権を比較した。第1次政権で安倍は、5名の首相補佐官に

図表6-14　安倍政権の官邸官僚の比較

ポスト		第1次安倍政権		第2次安倍政権	
		氏名	出身	氏名	出身
内閣官房副長官	事務	的場　順三	1957年大蔵省	杉田　和博	1966年警察庁
内閣官房副長官補	内政	坂　　篤郎	1970年大蔵省	佐々木豊成	1976年大蔵省
	外政	安藤　裕康	1970年外務省	兼原　信克	1981年外務省
内閣広報官		長谷川榮一	1976年通産省	長谷川榮一	1976年通産省
内閣情報官		三谷　秀史	1974年警察庁	北村　滋	1980年警察庁
首相補佐官		小池百合子	衆院議員	木村　太郎	衆院議員
		根本　匠	衆院議員	礒崎　陽輔	参院議員
		中山　恭子	参院議員	衛藤　晟一	参院議員
		山谷えり子	参院議員	和泉　洋人	1976年建設省
		世耕　弘成	参院議員	長谷川榮一	1976年通産省
首相秘書官	政務	井上　義行	1981年国鉄	今井　尚哉	1982年通産省
	事務	田中　一穂	1979年大蔵省	中江　元哉	1984年大蔵省
		林　　肇	1982年外務省	鈴木　浩	1985年外務省
		今井　尚哉	1982年通産省	柳瀬　唯夫	1984年通産省
		北村　滋	1980年警察庁	大石　吉彦	1986年警察庁
				島田　和久	1985年防衛庁

資料：首相官邸ウェブサイトを基に筆者作成
　注：政権発足時のメンバーで、その後交代した場合もある。

は全員政治家を充てたものの首相官邸は混乱し、2007年の衆院選で大敗して辞任した[15]。これに対して、第2次政権では、政務秘書官に第1次政権で事務秘書官だった経産官僚の今井尚哉を就け、内閣広報官には、第1次政権と同様に元経産官僚の長谷川榮一を再任した。さらに、首相補佐官も全員政治家にはせず、菅義偉の側近で元国交官僚の和泉洋人と長谷川を任命した。このように、経産省を中心とする官邸官僚の活用は、各省庁の統制面で官邸主導には寄与したと考えられるが、農政改革への影響は明らかでない[16]。

　次に、「内閣官房の権限強化」について検討する。まず、農協改革については、規制改革会議の提言を受けて農水省が農協法改正案を策定しており、内閣官房の活用は見られない。他方で、TPP協定については、内閣官房に設置されたTPP政府対策本部が効果を発揮した。第1の効果は「交渉体制の一元化」である。関係省庁がバラバラに対応する従来のEPA交渉とは異なって、14人の交渉官を内閣官房に併任した上で、外務官僚の首席交渉官（鶴岡公二）

と首席交渉官代理（大江博）を内閣官房の専任とした。第2は、「国際交渉と
国内対策の一元化」である。事前に国内対策は検討しないという建前のEPA
交渉とは対照的に、内閣官房副長官補だった財務官僚の佐々木豊成を、TPP
政府対策本部の発足と同時に国内調整統括官に任命し、国内対策を検討する
体制を作った。このように、国際交渉と国内対策の両方を内閣官房に集中さ
せる体制が、TPP交渉の早期妥結に寄与した。

　さらに、「内閣府の権限強化」について検討する。第2次安倍政権の農政改
革のうち、農協改革では規制改革会議が重要な役割を果たした。その事務局
である内閣府規制改革推進室の幹部ポストは財務省や内閣府の出身者で占め
られているものの、農業WGの担当参事官として農協改革を主導したのは経
産官僚の中原裕彦で、ここでも経産省の影響力が見てとれる。他方で、規制
改革会議は、経済財政諮問会議のように、橋本行革の一環として内閣府に常
設された重要政策会議ではなく、内閣府に時限的に設置される審議会に過ぎ
ない。この意味で、規制改革会議の活用は、内閣機能の強化とは直結しない。
他方で、TPP協定に関しては、TPP政府対策本部を設置した上で、経済財政
相の甘利明をTPP担当相に任命して一元的に交渉に当たらせたことは、内閣
機能の強化で導入された内閣府特命担当大臣の活用例と言える。

②公務員制度改革

　橋本行革に基づく中央省庁の再編や内閣機能の強化は、2001年にまとめて
実施されたのに対して、人事管理システムの変更を含む公務員制度改革は、
省庁の縦割り打破や政治主導の確立という狙いは共有しつつ、実現により長
期を要した。そうした公務員制度改革の到達点が、2014年4月に成立した国
家公務法改正であり、それに基づいて翌月末に設置された内閣人事局であ
る。内閣人事局の主な機能は、首相による各省庁の幹部人事の一元管理で、
農政改革に限らず、第2次安倍政権下での官邸主導の一因としてよく言及さ
れる。ただし、1997年以降は、局長以上の幹部職員を任命する閣議了解の前
に、官房長官らによる閣議人事検討会議での審査が制度化されており、首相
官邸の幹部人事への関与は以前から存在した。ここで問題となるのは、内閣

人事局はそれと異なり、それが農政改革に影響を与えたのかである。

　そこで、農水省の幹部人事の典型例として、農水事務次官への就任ルートを検証する。図表 6-15 には、農水事務次官の前職のポストを集計した。ここで、幹部人事が官僚主導であれば、昇進ルートが固定化するのに対して、官邸主導であれば、そうした慣例が崩れると考えられる。いわゆる 55 年体制下や、1993 年以降の政治改革後は、前職は食糧庁長官が圧倒的に多い[17]。また、2003 年に食糧庁が廃止されて以降は、水産庁長官か林野庁長官が大半で、その傾向は 2009 年以降の民主党政権下でも変化がない。しかし、第 2 次安倍政権下で農水事務次官に就任した 4 名のうち、前職が長官なのは 2015 年の本川一善だけで、2016 年の奥原正明は経営局長、2018 年の末松広行は出向先の経産省産業技術環境局長、2020 年の枝元真徹は官房長だった。つまり、慣例を崩した次官人事を行ったのは、第 2 次安倍政権のみである。

　ただし、この変化は内閣人事局の帰結とは言い切れない。上記のように、1997 年以降は局長以上の幹部人事が閣議人事検討会議で審査され、官房長官や副長官は人事への介入が可能だったが、そうした例は実際には稀だった。

図表 6-15　農水事務次官の前職のポスト

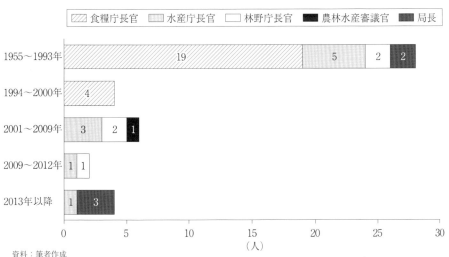

資料：筆者作成
注：各期間に就任した次官を対象とした。

他方で、第2次安倍政権下の官房長官は一貫して菅義偉で、彼は人事権による官僚の統制を公言し、実際にそうした幹部人事を行ってきた[18]。このため、図表6-15に示した農水事務次官の昇進ルートの変化も、内閣人事局という制度的な要因よりも、菅義偉という属人的な要因の可能性がある[19]。具体的には、TPP交渉参加に抵抗した農水審議官の退官は2013年7月、規制改革会議に対する農水官僚の協力は2013年11月以降で、いずれも内閣人事局の設置前である。このため、内閣人事局によって官僚が官邸に忖度するようになったという説明は成り立たない。つまり、内閣人事局は官邸主導の原因ではなく、政治改革等の他の要因で官邸主導が強まった結果と考えられる[20]。

公務員制度改革が農政改革につながりうる要因には、天下りに対する制限もある。公務員制度改革の一環では、2007年の国家公務員法改正で、退職後

図表6-16　農水官僚の農協への天下り先

	農林中金理事長	農中総研理事長	JA共済総研理事長
55年体制	1956~1966年 楠見　義男（次官） 1966~1977年 片柳　真吉（次官） 1977~1991年 森本　修（次官） 1991~2000年 角道　謙一（次官）	1990年創設	1991年創設 1991~1993年 　石渡　重男（生え抜き） 1993~1999年 　佐藤　秀一（生え抜き）
政治改革後	2000~2009年 上野　博史（次官）	1999~2002年 浜口　義曠（次官） 2002~2003年 高木　勇樹（次官） 2004~2008年 堤　英隆（食糧庁長官）	1999~2004年 新井　昌一（生え抜き） 2004~2005年、2008~2010年 熊澤　英昭（次官） 2005~2008年 新井　昌一（生え抜き）
民主党政権	2009~2018年 河野　良雄（生え抜き）		2010~2013年 今尾　和實（生え抜き）
第2次安倍政権	2018年~ 奥　和登（生え抜き）	2016年~ 皆川　芳嗣（次官）	2013~2016年 町田　勝弘（次官） 2016年~ 内藤　邦男（林野庁長官）

資料：筆者作成
　注：農中総研の理事長ポストは、2008~2016年は一時的に廃止されていた。

2 年間は職務に関わる営利企業への再就職を禁じた規制を廃止し、出身省庁による再就職の斡旋禁止への違反者に刑事罰を導入した。また、2009 年に成立した民主党政権は、独立行政法人への官僚OBの再就職を禁止し、官僚OBのポストへの公募採用を導入したことを契機に、各省庁は所管団体への天下りを自粛するようになった。図表 6 - 16 には、農水官僚の農協への天下り先を示した。このうち、農林中央金庫の理事長は、創設された 1923 年以降ずっと官僚OBだったが、2009 年以降は生え抜きに代わった。これによって、農水省は最良の天下り先を失い、農水省と農協との関係が薄れる一因となった。ただし、研究機関を中心として関係団体への農水事務次官OBの天下りは続いており、農協の農水省に対するポスト提供がなくなったわけではない。

（3）地方分権改革

　地方分権改革とは、内閣府によれば、「住民に身近な行政は、地方公共団体が自主的かつ総合的に広く担うようにするとともに、地域住民が自らの判断と責任において地域の諸課題に取り組むことができるようにするための改革」とされる。その大まかな流れは、①1993 年の衆参両院での「地方分権の推進に関する決議」から 1999 年の地方分権一括法の成立に至る第一次分権改革、②小泉政権下での 2005 年の三位一体改革、③2006 年の地方分権改革推進法の成立以降から現在に至る第二次分権改革、から成る。このように、地方分権改革は多岐に渡るものの、第 2 次安倍政権下での農政改革の背景として注目されるのが市町村合併である。地方分権一括法が施行された 1999 年の全国の市町村数は 3,229 だったが、合併特例法の経過措置が終了した 2006 年には 1,821 へとほぼ半減した[21]。

　合併によって市町村数が減少し、拡大した市町村に権限が委譲されれば、国と地方の関係は希薄化する。その影響を最も受けたのが、町村議会議員であろう。図表 6 - 17 には、市区町村議会議員の定数の推移を示した。第一次分権改革の開始年である 1993 年には、町村議会の定数は 42,658 人だったのに対して、2019 年には 11,005 人へとほぼ 4 分の 1 に激減した。他方で、市区議会の定数は、両年共に約 2 万人でほとんど変化していない。地方議会にお

100

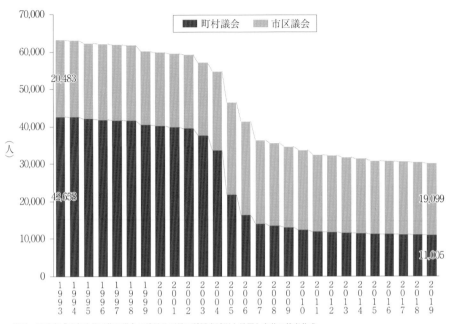

図表6－17 市区町村議会議員の定数の推移

資料：総務省「地方公共団体の議会の議員及び長の所属党派別人員調」を基に筆者作成

け る保守系議員の多くは自民党の国会議員と系列関係にあり、国政に地方の利益を反映させつつ、地方に中央政府の方針を反映させるという、双方向の機能を果たしてきた[22]。このため、町村議会議員の激減は、自民党の地方組織を弱体化させ、地方の声が中央に届きにくくなることを意味する[23]。

　とりわけ、町村議会議員の減少の影響を大きく受けるのが農業政策だと考えられる。図表6－18には、町村議会議員の職業別割合の推移を示した。町村議会議員のうち職業が農林水産業の割合は、2012年には38％と最大で、2019年でも依然として30％を占めており最も多い。また、その9割以上は農業である。つまり、2015年の「国勢調査」では総就業者の3.4％に過ぎない農業者が、町村議会ではその約10倍の重みを持っている。したがって、自民党の国会議員と系列関係にある保守系の町村議会議員が国会議員に陳情する際も、自らの職業に関連する農政が重視されてきたと考えられる。しかし、

図表6-18　町村議会議員の職業別割合の推移

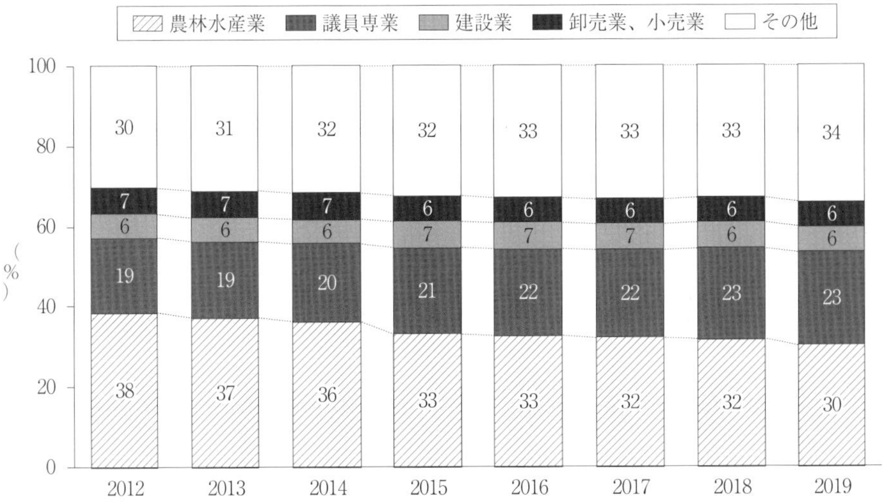

資料：全国町村議会議長会「町村議会実態調査結果の概要」を基に筆者作成

そうした町村議会議員が減少すれば、国会議員に対する陳情は減少し、国会議員にとっての農政の優先度も低下すると考えられる。

4．安倍首相の理念

　農政改革のような制度の変化を説明する要因として、理念（アイディア）を重視する考え方がある。理念が政策決定に与える影響の一例としては、政治家が新たな理念を提示し、人々の支持を動員したり、政治的な連合を作り出したりすることが挙げられる [24]。例えば、小泉首相は、「聖域なき構造改革」や「官から民へ」といった理念を掲げ、2005 年の郵政選挙で大勝して、郵政民営化を成し遂げた。また、「政府による個人や市場への介入は最低限とすべき」という「新自由主義」は、小泉構造改革の裏付けとなったより上位の理念と位置づけられる。したがって、第 2 次安倍政権下での農政改革についても、安倍首相が掲げた理念に自民党の国会議員や有権者が共鳴し、それ

によって農政改革が実現したという仮説がありえよう。

　では、安倍首相の理念とはどのようなものか。まず、内政の経済政策に関しては、安倍は「上げ潮派」に属する。上げ潮派とは、財政再建の方策として、経済成長による税収増加を重視する中川秀直らの主張であり、2000年代後半に、財政再建には消費税増税が不可欠とする与謝野馨らの「財政再建派」と鋭く対立した。第2次政権でも安倍は上げ潮派の理念を維持し、それに基づく成長重視の経済政策が、大胆な金融政策、機動的な財政政策、民間投資を喚起する成長戦略の「三本の矢」からなるアベノミクスである。他方で、外政の外交・安全保障政策では、中国の台頭を背景とした安全保障政策の重視が挙げられる。具体的には、安全保障関連法、特定秘密保護法の成立や国家安全保障局の創設のような安全保障政策の強化を推進した[25]。

　こうした安倍の理念は、第2次安倍政権下で経産官僚が重用され、「経産省内閣」と呼ばれたこととも符合する。従来の首相官邸では、図表6−14に示した第1次安倍政権でもそうだったように、事務の首相秘書官の筆頭格は年次が最も上の財務省出身者で、予算の権限を背景に内政全般を仕切るのが常だった。そうした財務省の積年の課題は、消費税の増税による財政再建で、民主党の野田政権下の2012年に3党で合意された消費税増税を推進したのも財務省である。他方で、上げ潮派の安倍の理念は財務省とは正反対で、第2次安倍政権では財務省に主導権をとられないよう、政務秘書官に今井尚哉、内閣広報官兼首相補佐官に長谷川榮一の両経産官僚を配置した。もっとも、安倍が上げ潮派の理念を持つようになったのは、当選直後から交流がある長谷川らの影響もあり、必ずしも一方通行の関係ではないと考えられる[26]。

　経済成長と安全保障を重視する安倍首相の理念は、農政改革とどのように関連するのだろうか。例えば、安倍首相がTPP交渉参加を表明した2013年3月の記者会見のロジックは、以下のように要約できる[27]。まず、TPPは、貿易の拡大を通じた海外の成長を取り込むことによって、日本の経済成長に寄与する。また、同盟国の米国や普遍的価値を共有する国々と経済的な相互依存関係を深めていくことは、日本の安全保障にも寄与する。他方で、TPPに参加していない今でも、農業従事者の高齢化や耕作放棄地の増加が進んでい

る。このため、攻めの農業政策により農林水産業の競争力を高め、輸出拡大を進めれば農業を成長産業にすることができ、TPPはピンチではなくむしろチャンスである。このように、TPPは日本の経済成長と安全保障に寄与するもので、農業の成長にもつながるという論理構成となっている。

　ただし、安倍首相の理念に世論が共鳴して農政改革が実現したとの仮説が成立するには、国民の賛成が反対を上回る必要がある。この点について、模式図を用いて検討しよう。図表6-19には、政策A〜Eを実施した場合の国政選挙における得票の増減を模式的に示した。成長戦略の一環で改革すべき分野には、医療（混合診療の拡大等）、労働（裁量労働制の拡大等）、農業がよく挙げられるが、それを行えば医師会、労組、農協の組織票を失う。その上で、政策A〜Eのうち最善の選択肢は、国政選挙での得票の増減差が最大になる政策Eで、これが農政改革だったと考えられる。つまり、農政改革によって農村部での得票は減るが、改革姿勢を示すことで都市部での得票が増えれば、全体としてはプラスになりうる。特に、図表6-10で見たように、衆院の議席数において、地方のウエイトが低下する一方で都市部のウエイトは上昇し

図表6-19　政策実施による得票の増減（模式図）

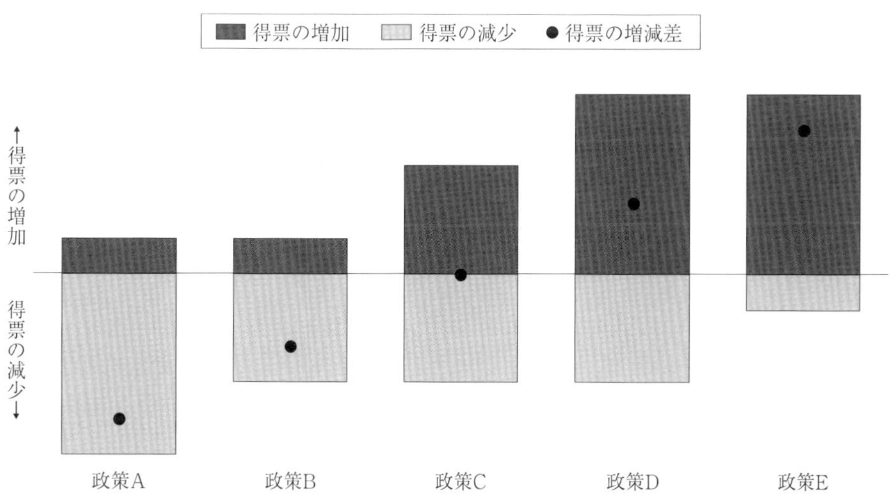

資料：筆者作成

ていることから、この仮説はより成立しやすくなっている。

　安倍首相のそうした判断を裏付ける直接的な証拠はないが、間接的な証言はある。例えば、自民党幹事長代理（当時）の下村博文は、世論調査に関して、「報道機関の調査は選挙区ごとのサンプルが200〜300だ。自民党が独自にやるのはその10倍で、より精緻にしている」と述べている[28]。また同氏は、「支持率を維持するためあらゆるレベルに種をまいたり、色々なしかけをつくったりする。偶然に高いわけではない。それを意識しているのが第1次安倍内閣と今との大きな違いだ。何かで一時的に支持率が下がっても、その他のテーマで上げられる」とも述べている。つまり、TPP交渉参加や農協改革についても、自民党は、それらが支持率に与える影響を分析した上で打ち出したと考えられる。

　また、安倍首相が農政改革に込めたもくろみは、参院選の結果でも見ることができる。参議院では、都道府県を単位とする選挙区（地方区）において定数1名の一人区が多く、その勝敗が全体の鍵を握るとされる。最近の参院選における一人区の結果を見ると、農業就業者の割合が高い東北6県では、2016年は自民党が1勝5敗（秋田県のみ勝利）、2019年は2勝4敗（青森県と福島県で勝利）で、自民党は負けが込んでいる。他方で、全国32選挙区での自民党の勝敗は、2016年が21勝11敗、2019年は22勝10敗で、全体では勝ち越している。もちろん、国政選挙の争点は農政改革だけでなく、与野党の強弱についても選挙区固有の事情もあろう。それでも、「東北で負け越しても全国では勝ち越す」という最近の参院選の結果は、農政改革の得票への影響が政策Eに近いという仮説と整合的である。

　では、安倍首相の理念を反映した農政改革に、国民は共鳴しているのだろうか。図表6-20には、日本のTPP参加の賛否に関する朝日新聞社の世論調査結果を示した。質問文は、一貫して「日本がTPPに参加することに、賛成ですか。反対ですか」である。TPP参加への賛成は、常に反対を上回っており、民主党政権下の2012年11月までは、賛否は拮抗しつつあったが、第2次安倍政権下の2013年3月以降は、賛否の差が拡大している。特に、2013年3月の安倍首相によるTPP参加決定直後には、「安倍首相が、交渉参加を

図表6-20　日本のTPP参加に対する賛否

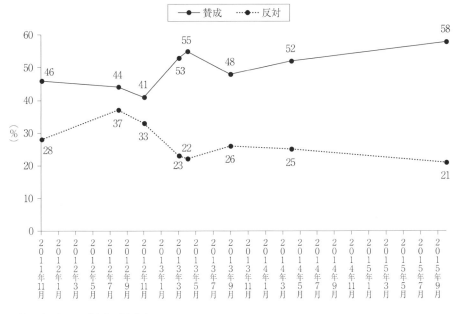

資料：朝日新聞の記事を基に筆者作成

表明したことを評価しますか、評価しませんか」という質問に対して、「評価する」が71％で、「評価しない」の18％を大きく上回っている。このように、TPP参加決定への賛否の差はTPP参加自体への賛否の差よりも大きく、TPP参加には反対でも安倍首相の決断は支持する国民もいることが分かる。

　次に、農協改革に対する世論調査の結果を検討する。2015年2月の日本経済新聞社の世論調査では、全中の監査・指導権の廃止等を柱とする政府の農協改革について、「評価する」が54％で、「評価しない」の19％を上回った[29]。また、同月の読売新聞社の世論調査では、「安倍内閣は、農協改革として、全国農業協同組合中央会が、地域の農協を指導、監査する権限を廃止する方針です。この方針に、賛成ですか、反対ですか」という質問に対して、「賛成」が40％、「反対」が32％、「答えない」が28％で、賛成が最多だった[30]。他方で、全中の指導・監査権限の廃止については、未回答者が28％と多く、

TPP参加についても、2011 年 11 月の朝日新聞の世論調査では「国民への情報提供が不十分」との回答が 84% を占めていた[31]。つまり、多くの国民は、TPP協定や農協改革について必ずしも十分に理解しているわけではないものの、安倍政権による改革姿勢を象徴する取組みとして評価していると考えられる。

5. まとめ

　本章の課題は、第 2 次安倍政権下でTPP協定や農協改革のような急進的な農政改革が実現した背景を明らかにすることにあった。この問いは、「なぜ農政改革が選ばれたのか」という対象に関する問いと、「なぜそれが実現できたのか」という手法に関する問いに分けられる。本章での分析結果を踏まえると、それぞれの問いに対する答えは以下のように要約される。

　まず、農政改革が選ばれた根源的な要因は、経済成長と安全保障を重視する安倍首相の理念にある。そうした理念は主に経産官僚との交流で醸成され、第 2 次安倍政権でも経産官僚を重用した。そうした理念を持つ安倍首相が、第 2 次政権の発足直後にTPP参加問題の決着を迫られ、対米関係の改善と成長戦略を両立する手段として打ち出したのがTPP交渉参加であり、その障害を取り払って成長戦略の成果としうるのが農協改革だった。その上で、それを可能とした第 1 の要因は、農業の縮小に伴う政治家の農業離れや、米の生産縮小や市場原理の導入による農家の政治離れをもたらした農業の構造変化だった。また、第 2 の要因は、衆議院の地方議席の減少や農林族議員の減少につながった統治機構改革だった。これら 2 つの要因によって、首相官邸にとっての農政改革は、地方を中心に議席を失うリスクの高い選択肢から、都市での得票を増やして政権も浮揚しうる合理的な選択肢に転換した。

　次に、そうした農政改革が実現できた要因には、首相官邸が重視する政策の実現可能性を高めうる、農政トライアングルの弛緩と官邸主導の確立があった。まず、農政トライアングルについては、農林族議員と農協との間で、農業の構造変化や統治機構改革によって保護と票の交換が弱まり、農水省と農協との間で、米の生産縮小や市場原理の導入、農水官僚の天下り先の減少

により、保護とポストの交換が弱まった。このように、主に農協と農林族議員・農水省との共生関係の弱体化によって、農政トライアングルが弛緩した。他方で、首相官邸は、政治改革による公認権・人事権や政治資金の配分権を握って農林族議員を統制し、自民党の集権化で可能となった官邸主導で農水省を統制し、内閣府の規制改革会議を活用して農協を統制した。つまり、鉄の三角形モデルから官邸主導モデルへの転換は、自民党が総裁の下に集権化し、それを受けて行政府が首相官邸の下に集権化して実現した[32]。

　本書では、第２次安倍政権下の農政改革について、農業の構造変化、統治機構改革、安倍首相の理念という３つの要因を包括的に検証することで、これまでの研究で欠けていた構造的で根源的な背景を明らかにした。従来の研究では、いずれか１つの要因を重視していた点で限界があった。つまり、農業の構造変化による説明では、農業が継続的に縮小していたにもかかわらず、第２次安倍政権以前の政権が農政改革に取り組まなかった理由を説明できなかった。また、統治機構改革による説明では、無限にある選択肢の中から、安倍首相が農政改革に照準を合わせた理由を説明できなかった。さらに、安倍首相の理念による説明では、農政トライアングルの抵抗を排して農政改革が実現できた理由を説明できなかった。本書の結論は、定性的であっても歴史的な経緯を踏まえた包括的な比較事例分析の有効性を示している[33]。

注

1) 例えば、増田（2019、276〜277 ページ）は、第２次安倍政権下で農協改革が実現した理由に小選挙区制や内閣人事局等を挙げているが、それ以前の政権で実現しなかった理由を示していない。
2) 奥原正明は、第２次安倍政権下で農政改革が進展した一因として、「法人経営を含めた専業的な農業者が量的にも質的にも存在感を増し、それぞれの地域の中で発言力を高めてきたこと」を挙げているが（奥原、2019、191 ページ）、それを言うのであれば、専業的な農業者が各地でどのくらいの割合を占めれば農政改革が進展するという根拠が求められる。
3) 総務省「平成 27 年国勢調査」（2015 年 10 月実施）による。
4) 図表６−５における農林漁業者の自民党支持率は、図表６−４と同じものである。
5) 吉田（2012）の 784 ページ。
6) これらのブロックには都市部が多い道県も含まれるが、比例区の議席を都道府県に振り分けることができないため、こうした区分を用いた。
7) 1994 年以降は連立政権が常態化していることから、自民党は与党全体では過半数を制して

いる。

8）1999 年以降は、自民党は都市部に強い公明党と連立を組んでいることから、都市部重視の傾向はより強まっていると考えられる。

9）濱本（2018）の第 6 章を参照。

10）濱本（2018）の第 6 章を参照。

11）青木（2016）の 142〜145 ページ。

12）竹中編（2017）の第 1 章及び結章。

13）濱本（2018）の 264〜266 ページ。

14）田中（2007）を参照。

15）上杉（2007）、田中（2019）を参照。

16）官邸主導を確立した点で小泉政権と第 2 次安倍政権は共通しているが、小泉政権では事務の首相秘書官を出していない省庁の官僚も首相官邸に常駐させ、後に農水事務次官になる末松広行のその一人だった。これに対して、第 2 次安倍政権ではそうした仕組みはなく、重用されるのは経産官僚に偏っていた。

17）1955〜1993 年の局長は、いずれも農林水産技術会議事務局長である。

18）秋山（2020）の 39 ページ。

19）閣議人事検討会議の審査対象は局長以上なのに対して、内閣人事局の一元管理の対象は部長・審議官以上とより範囲が広いものの、農水事務次官を対象としたここでの検討には影響しない。

20）内閣人事局の創設は、2008 年に成立した国家公務員制度改革基本法に規定されていたが、その具体化をめぐっては与野党間や政府内で意見の対立が大きく、基本法に基づく改革を定めた国家公務員法改正案は 3 回連続で廃案となり、第 2 次安倍政権で成立した。詳細は、塙（2013）を参照。

21）総務省「市町村数の変遷と明治・昭和の大合併の特徴」
（https://www.soumu.go.jp/gapei/gapei2.html）

22）待鳥（2020）の 259 ページ。

23）中北（2017）の 244〜245 ページ。

24）田中ら（2020）の 9〜10 ページ。

25）政治学者のカタリナックは、1986 年から 2009 年にかけての 7 千以上の選挙公約を分析し、1994 年の選挙制度改革後に、与党の政治家が安全保障をより重視するようになったことを示した（Catalinac、2016）。これは、小選挙区制の導入によって、候補者個人の政策を訴える集票効果が低下した結果とされ、安倍首相の理念はこうした政治家の変化とも整合的である。

26）第 1 次安倍政権の発足前に初版が刊行された安倍（2013）でも、FTAやEPAへの言及が多く、経産省の主張が色濃く反映されている。

27）首相官邸「安倍内閣総理大臣記者会見」（2013 年 3 月 15 日）

28）日本経済新聞朝刊（2016 年 9 月 11 日、14 ページ）

29）日本経済新聞朝刊（2015 年 2 月 23 日、2 ページ）

30）読売新聞朝刊（2015 年 2 月 8 日、7 ページ）

31）朝日新聞朝刊（2011 年 11 月 15 日、4 ページ）

32）待鳥（2020、155 ページ）も同様の指摘をしている。

33）こうした観点から自民党の栄枯盛衰を分析したものとしてKrauss and Pekkanen（2011）が挙げられる。

110

コラム4　森山裕の言動と選挙制度改革

　農林族議員の中心メンバーである森山裕の言動は、選挙制度改革による族議員と首相官邸との関係の変化を如実に示している。

　図表6-21に示したように、1998年に参院議員に初当選した森山は、2004年の鹿児島5区の補選で衆議院に鞍替えしたものの、郵政民営化法案に反対して2005年の衆院選は無所属で当選し、2006年に復党した。森山は、2013年3月のTPP対策委員会幹部会合で、「私は郵政民営化に反対して自民党を離れた。あんな悲劇を2度とくり返してはならない」と述べ、安倍首相によるTPP交渉参加の容認に転じた（日本経済新聞朝刊（2013年4月2日）の2ページ）。

図表6-21　森山裕の経歴

年	出　来　事
1945	鹿児島県鹿屋市生まれ
1975	鹿児島市議会議員に当選（補選）
1982	鹿児島市議会議長に就任
1998	鹿児島県選挙区から自民党公認で参院議員に当選
2004	鹿児島5区から自民党公認で衆院議員に当選（補選）
2005	郵政民営化法案に反対し、鹿児島5区から無所属で衆院議員に当選
2006	自民党に復党
2010	「TPP参加の即時撤回を求める会」の会長に就任
2012	衆議院農林水産委員長に就任
2013	自民党農林水産貿易対策委員長に就任
2014	自民党TPP対策委員長に就任
2015	農林水産大臣に就任
2016	農林水産大臣を退任
2017	自民党国会対策委員長に就任
	自民党TPP・日EU等経済協定対策本部長に就任
2018	自民党TPP・日EU・日米TAG等経済協定対策本部長に就任

資料：森山裕議員のウェブサイトを基に筆者作成

　また、2014年6月の講演では、「全中自体は、農政運動はおやめになった方が良いと思います」と述べ、その理由を「多くの農林族と言われる議員さんは、日本の農業の将来を考えてしっかり頑張っておられると思います。それを全中の農政運動と一緒に捉えられるというのは我々にとっても仕事がやりにくい」と説明した（森山（2015）の64〜65ページ）。この発言は、農協に肩入れすると首相官邸から睨まれるという懸念を吐露したもので、首相官邸と農林族議員との力関係の変化を端的に示している。

第7章　官邸主導型農政改革の功罪と展望

　この章では、前章までの検討結果を踏まえて、第2次安倍政権下で実施された官邸主導型の農政改革の功罪について、前章とは異なる規範的な視点から筆者の評価を述べる。また、第2次安倍政権が終焉した後の官邸主導型農政の今後の展望についても検討を加える。

1. 官邸主導型農政改革の功罪

　本節では、前章までの検討結果を踏まえて、第2次安倍政権下で実施された官邸主導型の農政改革の功罪について評価する。まず、官邸主導型農政改革のプラス面としては、以下が挙げられよう。

　第1に、改革の範囲が拡大しスピードも向上したことである。農業を取り巻く環境が変化する以上、政策を不断に点検し見直すことは不可欠である。食料・農業・農村基本法（新基本法）では、施策を盛り込んだ「基本計画」を策定し、おおむね5年毎に改定することが定められている。これは、旧農業基本法が制定から間もなく形骸化した反省を踏まえて、農水省が不断の見直しを行うための仕組みだった。しかし、過去5回の基本計画では、主眼は食料自給率の目標に矮小化され、ボトムアップによる政策の見直しは行われていない。その一因は、新基本法が想定する基本計画の策定プロセスが、「農水省→審議会→閣議決定」という官僚主導なのに対して、実際の政策決定は、民主党政権を契機に政治主導に転換したという乖離がある[1]。第2次安倍政権による農政改革には賛否両論があるものの、農政トライアングル内で不断の改革が行われていれば、首相官邸が出る幕も乏しかったはずである。

　第2は、責任の所在が明確になったことである。第2次安倍政権下で農政改革を推進したのは、選挙で多数派となった与党総裁の安倍首相であり、彼によって任命された官房長官や農相らの閣僚であり、彼らによって任命された官僚である。この意味で、「国民→与党→首相→閣僚→官僚」という民主的統制の連鎖が機能しているように見える。このため、政策に関する責任の所在は明確である。これに対して、第2次安倍政権より前の自民党政権下では、政策決定において族議員の力が強く、形式的な職務権限を持つ首相や閣僚と、実質的な権限を持つ族議員との間に乖離があった。この点で、政策に関する責任の所在は曖昧だった。このように、政策決定をめぐる権限と責任の所在が明確になり、本来のあるべき姿が実現した点は評価できよう。

　他方で、官邸主導型農政改革のマイナス面も看過することはできない。

　第1は、政策決定の恣意性である。その典型は、農協改革をめぐる規制改革会議の提言に見られる。規制改革会議は、2008年には全中の指導力の必要

性を認めていたが、2014年には一転してその廃止を提言した。一方で、同じ農業団体でも、二階俊博らと関係が深く、元農水官僚を参議院に送る土地改良区には触れなかった。他方で、民主党政権下の2010年には、農協役員への国会議員の就任禁止を打ち出した。このように、規制改革会議は党派性が強く、政権の手先と化している。規制改革会議の任務は、「経済社会の構造改革を進める上で必要な規制の在り方の改革に関する基本的事項を総合的に調査審議すること」とされており、専門家の知見を活用するのであれば、米英等で制度化されている規制影響評価のように、規制の変更に際して想定される便益や費用の評価に基づく提言をすべきである[2]。政権の意向を是認するだけなら、官僚主導の隠れ蓑と批判される各省庁の審議会と変わらない。

　第2は、政策決定における透明性の欠如である。上記では、民主的統制の連鎖を積極的に評価したが、それには重大な留保条件がつく。つまり、政権与党の政策が正当性を持つには、選挙で明確な公約を掲げ、それを守ることが大前提となる。しかし、2012年の衆院選における自民党の選挙公約は、「TPP参加に反対」の印象を与えるもので、2013年の参院選の選挙公約は、その後の農協改革に全く触れていない。このように、「争点隠し」が出発点となっている限りは、民主的統制の連鎖は成立しない。また、農協法を含めた国内法の改正にはパブリック・コメントの提出機会が確保されているが、TPPのような貿易協定にはそれがなく、第2次安倍政権の情報公開は民主党政権に大きく劣っている[3]。特に、第2次安倍政権下で締結された日米貿易協定は、第2章のコラム1に示したように二重の交際ルール違反で、唯一の拒否権プレーヤーとなった官邸主導の暴走には誰も歯止めをかけられない。

　第3は、政策の見栄え重視で短期志向である。例えば、TPP協定では、安倍政権は「攻めの農業」を提唱して農業の競争力強化を進める一方で、米豪に対する米の輸入枠創設の影響を遮断するために、政府による国産米の買上げを強化し、国内生産への影響は皆無と説明した。しかし、構造改革を推進するなら、国内に影響が出ないのは論理矛盾である。また、農協改革でも、これまで提起されなかった全中の解体を実現する一方で、規制改革会議が長年主張してきた准組合員の利用規制は導入しなかった。このように、第2次

安倍政権の農政改革は、大きな改革をしているように見せかけて、実際には地方の票田である米農家や単位農協の利益に配慮している。そうした印象操作を許している責任の一端は、農協改革の際に小泉進次郎や金丸恭文を英雄視し、その背後にいる首相官邸や官僚の役割を報じないメディアにもある。

　第4は、官僚機構への悪影響である。第2次安倍政権下では、官邸官僚が職務権限を越えた権力を行使し、官僚機構がそれに従属したことで、森友学園、加計学園といった多くの問題が発生した。本書の例では、国際ルール違反の日米貿易協定も、官邸が外務省を押し切った結果である。こうした第2次安倍政権下での官邸主導は、短期的には官僚機構の瞬発力を引き出して改革が進むものの、長期的には弊害が多い。各省庁は、都合の悪い情報はますます官邸に上げなくなり、指示待ちになって行政が停滞する。また、内閣官房や各省庁で政治家とつながることが出世に有利となることから、若手官僚は海外や地方への出向を避け、長期的な能力形成に支障が出る。こうした官僚の下僕化によって、若手官僚の退職や公務員試験受験者の減少に見られるように、官僚機構は急速に衰退している。首相官邸が各省庁の強みを引き出す一方で、適度に統制もするような健全な政官関係の確立が求められる。

　このように、第2次安倍政権下での農政改革には功罪の両面があり、一方的に肯定したり否定したりするのは一面的に過ぎる。たとえ官邸主導の政策決定プロセスに問題が多いとしても、それ以前の族議員主導の政策決定プロセスが健在だったとは言えない。第2次安倍政権の官邸主導に対する批判が、今ひとつ説得力を持ち得ないのは、過度な族議員主導や官邸主導に代わり得るような、あるべき政策決定の姿が示されていないからであろう。このため、政治主導や官邸主導が過度の独善や強権に陥らないためにはどうすべきかについて、本書で対象にした以外の政策分野についても検証を行い、望ましい政官関係のあり方を含めて模索を続けることが必要である。

２．官邸主導型農政の展望

　第2次安倍政権で確立された官邸主導型農政は続くのだろうか。この点については、改革は従来の延長戦ではない突発的なものであるからこそ、「数十

年ぶりの○○改革」というアピールが可能で、永遠に続くものは改革とは呼べない。また、小泉政権や第2次安倍政権の経験から明らかなのは、官邸主導は自ずと達成されるわけではなく、内閣支持率を含む様々な条件が前提となる。さらに、第2次安倍政権下において、農林水産分野の改革は一通りやり尽くした感があり、官邸官僚として権勢を誇った経産官僚も、菅政権下では首相官邸を去った。改革がメディアを賑わせるには「抵抗勢力」という敵役が必要だが、農政トライアングルも首相官邸に恭順の意を示していることから、農政改革にスポットライトが当たることはしばらくないであろう。

　本書では、第2次安倍政権下の農政改革で変わった点に焦点を当てたが、実は変わらない点の方が多い。例えば、総就業者数の約3%に過ぎない農業の特別扱いは依然として多く、パズルが解消されたわけではない。例えば、TPP交渉では、「全品目の関税撤廃」という原則にもかかわらず、日本の農林水産品の関税撤廃率は82%で、他国に比べて圧倒的に低かった。特に、米については、CPTPP協定で豪州に対してわずかな輸入枠が設けられたのみで、それ以外のメガFTAでは、約束から完全に除外された。また、農協改革でも、規制改革会議の提言で貫徹されたのは、象徴的ではあるが経済的な損失を伴わない全中の解体のみで、准組合員の利用規制のような、農協の利益に直結する改革は手つかずだった。その意味で、農政トライアングルは完全に崩壊したわけではなく、その強靭さの秘密は更なる検討に値する[4]。

　本書の執筆時点では、第2次安倍政権の末期から菅政権にかけての首相官邸の農政への関与は、まだら模様である。例えば、奥原正明の後任の農水事務次官である末松広行の下で2020年3月に決定された「食料・農業・農村基本計画」には、「中小・家族経営など多様な経営体」という表現が盛り込まれ、従来の大規模経営重視からの転換を印象づけた。また、菅政権下の2020年12月には、農林族議員や農協が強く反対していた企業による農地取得の全国展開について、国家戦略特区諮問会議議員の竹中平蔵らの主張を退ける形で見送りが決定された。他方で、規制改革推進会議は2021年3月の会合で、2018年に第2次安倍政権下で実施された生乳流通改革について、農協系統の寡占状態が継続して競争が不十分として、更なる改革を要求した。

　菅政権の農政改革に対する姿勢の試金石は、農協の准組合員に対する利用規制の扱いであろう。2016年4月に施行された改正農協法の附則では、「政府は、准組合員の組合の事業の利用に関する規制の在り方について、施行日から5年を経過する日までの間、正組合員及び准組合員の組合の事業の利用の状況並びに改革の実施状況についての調査を行い、検討を加えて、結論を得る」とされた。つまり、調査の期限は2021年3月で、4月以降に利用規制の扱いが決定される。農水省は、利用規制に反対する農林族議員や農協の意向を受けて、2021年3月の規制改革推進会議の会合に、「組合員の判断に基づく」との考えを示した。これに対して、菅政権が利用規制を導入しようとすれば、農政トライアングルへの宣戦布告を意味する一方で、見送れば、利用規制はTPP協定や農協改革を農協に飲ませる牽制球だったことが露呈する[5]。政権の印象操作に惑わされず、真意を見極める姿勢が求められる。

注

1) 民主党政権下での2010年の基本計画は、戸別所得補償制度を中心とするマニフェストの反映で、第2次安倍政権下の2015年の基本計画は、官邸主導で策定された「農林水産業・地域の活力創造プラン」の反映だった（作山、2019b）
2) 財政学者の田中秀明も、第2次安倍政権下で作成された「日本再興戦略などの報告書の特徴は、プラン・プラン・プランであり、分析が乏しい」と批判している（田中、2019）。
3) 林・弦間（2019）の150〜159ページ。
4) 貿易交渉における農政トライアングルの強靱さに着目したものに三浦（2020）があるが、本書で示したように、全中が解体された農協改革や米国に押されて国際ルール違反となった日米貿易協定の帰結を踏まえると、その強靱さが不変と捉えることもできない。
5) 脱稿後の2021年6月に閣議決定された規制改革実施計画では、農協が自己改革を実践する仕組みが明記された一方で、准組合員の利用規制は見送られた。しかし、2014年に規制改革会議が求めた准組合員の利用規制は、農協の自己改革とは無関係な原理原則の問題であり、これによって、安倍政権の意図は後者だったことが明らかになった。

あとがき

　筆者が農水省に入省したのは、昭和最後の年度である 1988 年（昭和 63 年）
だった。当時は 55 年体制のまっただ中で、自民党農林族議員、農水省、農協
からなる「農政トライアングル」の全盛期である。その後は、食料・農業・
農村基本法（新基本法）の策定、WTOドーハ・ラウンド交渉、TPP交渉への
参加協議といった、世間の関心を集めた政策に関与する機会も得た。また、
退官した 2013 年は第 2 次安倍政権が実質的に始動した年で、84 回目となる
最後の海外出張が、日本のTPP交渉参加が事実上決まった日米首脳会談だっ
たのは因縁めいたものを感じる。結果として、25 年間の官僚生活において、
55 年体制、民主党政権、第 2 次安倍政権の全てを経験することになった。こ
の意味で本書は、官僚になった際にはその継続を疑わなかった農政トライア
ングルが、なぜ変容を迫られたのかに対する、自問自答の答でもある。

　岩手県の農家出身で、父親が農協の職員で、自身が農水官僚だったという
筆者の出自を踏まえると、農政トライアングルの崩壊を扱った本書の内容や
結論は、必ずしも愉快なものばかりではない。とはいえ、農業という産業の
経済的な位置づけを大きく上回る農林族議員や農協の政治力の大きさは、国
内だけでなく国際的にも長らく関心を集め続けており、その変容の要因は解
明に値する重要な課題である。特に、公募をへて官僚から研究者となった筆
者には、それについて自由に研究し、発表できる表現の自由がある。そうし
た恵まれた立場にいるにもかかわらず、不都合で不愉快な真実に目を背ける
ことはできない。研究者として真実を知りたいという積年の思いが結実した
のが本書である。

　本書では、日本学術振興会の科学研究費助成事業として筆者が研究代表者
を務めた「TPPによるコメ自由化の政策過程：ガット・ウルグアイ・ラウン
ドとの比較分析」（基盤研究(C)、2016〜2018 年度、課題番号 16K07911）の成果を

118

活用した。科研費の取得や使用に当たっては、明治大学研究推進部生田研究知財事務室の担当各位にお世話になった。ここに記して感謝したい。

　本書の構想は、筆者が勤務校から在外研究を取得し、2018年度に1年間滞在した米国で練られたものである。本書は日本の国内農業政策を扱ったもので、国際的な比較研究ではないものの、校務を離れて海外の研究者と議論したり、関連する内外の文献をじっくり読んだりする機会を得たことは、本書の執筆に大いに役立った。訪問研究員として筆者を受け入れて下さった、カリフォルニア大学デイビス校のダニエル・サムナー卓越教授（カリフォルニア大学農業問題センター所長）に謝意を示したい。

　本書の草稿は、元明治大学農学部兼任講師で日本農業新聞特別編集委員の山田優氏に読んでいただいた。同氏は、多くの著書もあるベテランの農政ジャーナリストで、上記の科研費における研究協力者でもある。同氏のコメントによって本書を大幅に改善することができ、感謝に堪えない。その上で、本書に誤り等が残っているとすれば、それはひとえに筆者の責任である。

　最後に、本書の執筆を提案して下さった農林統計協会出版事業推進部の木村正次長と編集を担当して下さった筒井健氏にも感謝したい。木村氏と最初に会ったのは、筆者が農水省大臣官房調査課で『農業観測と情報』という月刊誌を担当していた1991年頃である。このように、30年の時をへて一つの本を作りあげる機会を持てたことに不思議な縁を感じている。

2021年3月

桜が満開を迎えた生田キャンパスにて

作 山 巧

引用文献

日本語文献

青木 遥（2016）「政策会議の運営方法と結論の法制化」野中尚人・青木 遥『政策会議と討論なき国会—官邸主導体制の成立と後退する熟議』朝日新聞出版

秋山信一（2020）『菅義偉とメディア』毎日新聞出版

安倍晋三（2013）『新しい国へ—美しい国へ完全版』文藝春秋

荒川 隆（2020）『農業・農村対策の光と影—戸別所得補償から農協改革・生乳改革まで　真の改革を求めて』全国酪農協会

飯田康道（2015）『JA解体—1000万組合員の命運』東洋経済新報社

上杉 隆（2007）『官邸崩壊—安倍政権迷走の一年』新潮社

奥原正明（2001）「JA改革二法の概要」『月刊JA』第47巻第11号、31～40ページ

奥原正明・岸 康彦・増田佳昭・松下 久（2002）「座談会—農協改革二法とJA改革の課題」『農業と経済』第68巻第5号、5～28ページ

奥原正明（2019）『農政改革—行政官の仕事と責任』日本経済新聞社

川本 明（1998）『規制改革—競争と協調』中央公論社

鯨岡 仁（2016）『ドキュメントTPP交渉—アジア経済覇権の行方』東洋経済新報社

作山 巧（2015）『日本のTPP交渉参加の真実—その政策過程の解明』文眞堂

作山 巧（2016）「国会決議は守られたのか—TPP合意における重要5品目の検証」『農業経済研究』第88巻第2号、206～211ページ

作山 巧（2019a）『食と農の貿易ルール入門—基礎から学ぶWTOとEPA/TPP』昭和堂

作山 巧（2019b）「政策推進手法としての「基本計画」の評価」『農村と都市をむすぶ』第69巻第10号、23～27ページ

作山 巧（2021）「日米貿易協定はWTO協定違反か—日本政府の基準に基づく真の関税撤廃率の算出による検証」『農業経済研究』第92巻第4号、317～322ページ

佐藤 令（2011）「衆議院及び参議院における一票の格差」『調査と情報』第714号、1

120

~12ページ

竹中治堅編（2017）『二つの政権交代─政策は変わったのか』勁草書房

立花 隆（1980）『農協─巨大な挑戦』朝日新聞社

田中利幸（2007）「内閣機能強化の現状と今後の課題」『立法と調査』第263号

田中秀明（2019）『官僚たちの冬─霞が関復活の処方箋』小学館

田中拓道・近藤正基・矢内勇生・上川龍之進（2020）『政治経済学─グローバル化時代の国家と市場』有斐閣

ジョージ・ツェベリス著、眞柄秀子・井戸正伸監訳（2009）『拒否権プレイヤー─政治制度はいかに作動するか』早稲田大学出版部

中北浩爾（2017）『自民党─「一強」の実像』中公新書

農業協同組合制度史編纂委員会編（1997）『新・農業協同組合制度史（第3巻）』協同組合経営研究所

濱本真輔（2018）『現代日本の政党政治─選挙制度改革は何をもたらしたのか』有斐閣

塙 和也（2013）『自民党と公務員制度改革』白水社

林 正徳・弦間正彦（2019）『「ポスト貿易自由化」時代の貿易ルール─WTOと「メガFTA」』農林統計出版

増田佳昭（2019）「農協の多面的性格と農協の進路」増田佳昭編著『制度環境の変化と農協の未来像─自律への道を切り拓く』昭和堂

待鳥聡史（2020）『政治改革再考』新潮社

三浦秀之（2020）『農産物貿易交渉の政治経済学─貿易自由化をめぐる政策過程』勁草書房

森山 裕（2015）「自民党が考える農協改革」『日本農業の動き』第188号、40～65ページ

両角和夫（2017）「『農協改革』をめぐる政府の検討と農協系統組織の対応─『自己改革』では何が課題となるか」『農業研究』第30号、153～224ページ

山下一仁（2009）『農協の大罪─「農政トライアングル」が招く日本の食糧不安』宝島社

山田 優・石井勇人（2016）『亡国の密約─TPPはなぜ歪められたのか』新潮社

吉田 修（2012）『自民党農政史（1955～2009）─農林族の群像』大成出版社

読売新聞政治部（2020）『喧嘩の流儀─菅義偉、知られざる履歴書』新潮社

英語文献

Catalinac, A. (2016). *Electoral Reform and National Security in Japan: From Pork to Foreign Policy*. Cambridge University Press.

Horiuchi, Y. and Saito, J. (2003). "Reapportionment and redistribution: Consequences of electoral reform in Japan," *American Journal of Political Science*, 47(4), 669-682.

Krauss, E. S. and Pekkanen, R. J. (2011). *The Rise and Fall of Japan's LDP: Political Party Organizations as Historical Institutions*. Cornell University Press.

Mulgan, A. G. (1997). "Electoral determinants of agrarian power: measuring rural decline in Japan," *Political Studies*, 45(5), 875-899.

Mulgan, A. G. (2005). "Where tradition meets change: Japan's agricultural politics in transition," *Journal of Japanese Studies*, 31(2), 261-298.

122

索　引
(対象は本文のみで、図表、注、引用文献は対象外)

あ行

安倍晋三（首相）…… i, iii, 2, 6, 7, 21, 22,
　　26, 32, 33, 34, 35, 37, 39, 67, 73, 75, 92, 93,
　　101, 102, 103, 104, 105, 106, 107, 110, 112
アベノミクス……………………… 2, 102
甘利明……………………… 35, 36, 96
和泉洋人………………………… 95
一票の格差…………………… 85, 86
今井尚哉…………………… 75, 95, 102
ウルグアイ・ラウンド ………… 14, 15, 117
大島理森…………………… 32, 91
奥野長衛………………………… 36
奥原正明………… 64, 70, 71, 97, 107, 117

か行

外務省………………………… 35, 114
閣議人事検討会議 …………… 5, 96, 97, 108
ガット（関税と貿易に関する一般協定）
　　…………… 9, 13, 14, 16, 18, 19, 25, 27
加藤紘一………………………… 91
官邸官僚…………… 75, 94, 95, 114, 115
官邸主導モデル …………… 1, 4, 6, 39, 40,
　　73, 74, 75, 106, 107
菅直人…………………… 20, 33, 34, 55
規制・制度改革委員会 ……………… 55
規制改革・民間開放推進会議 ‥ 51, 52, 53, 66

規制改革会議（総称）…… 41, 49, 56, 57, 61,
　　63, 64, 66, 67, 69, 74, 92, 95,
　　96, 98, 107, 112, 113, 115
規制改革会議（第1次）……… 53, 54, 57, 66
規制改革会議（第2次）57, 59, 60, 61, 67, 68
規制改革推進会議……………… 61, 115, 116
規制改革推進室………………… 49, 53, 96
拒否権プレイヤー ………… 4, 5, 6, 120, 113
国井正幸………………………… 52
経産省（経済産業省）…… 32, 35, 49, 71, 75,
　　95, 96, 108
経産省内閣………………… 94, 102
ケネディ・ラウンド ……………… 13, 14
小泉純一郎（首相）……… 52, 66, 101
小泉進次郎………………… 88, 114
公務員制度改革 …………… 74, 94, 96, 98
国会決議 ………… 23, 33, 36, 37, 38, 39, 40

さ行

齋藤健………………………… 88, 91
財務省…………………… 35, 96, 102
塩谷立………………………… 88
重要5品目 ……………… 22, 23, 39
准組合員… 44, 45, 46, 51, 55, 59, 60,
　　67, 113, 115, 116
小選挙区制 ………… 84, 85, 87, 91, 107, 108
末松広行……………… 97, 108, 115
菅義偉………………… iii, 35, 72, 95, 98

政策会議 ……………………………………… 93
政党交付金 …………………………………… 4, 84
全国農政連（全国農業者農政運動組織連盟）
　　　　　　 ………………………………… 43, 80, 81
全土連（全国土地改良事業団体連合会）‥ 80
全農（全国農業協同組合連合会）
　　　　　　 …………………………… 2, 42, 52, 59
総合規制改革会議 ………………………… 50, 51, 66

た行

地方分権改革 ……………………………… 74, 99
中選挙区制 ………………… 76, 84, 85, 88, 91
通産省（通商産業省） …………………… 49
鉄の三角形 ……………………………… ii, 2
鉄の三角形モデル‥ 1, 3, 4, 5, 6, 39, 73, 74, 107
東京ラウンド ……………………………… 14
ドーハ・ラウンド ……………………… 13, 20

な行

内閣官房 ……………… 35, 36, 94, 95, 96, 114
内閣人事局 ……… 4, 5, 6, 96, 97, 98, 107, 108
内閣府 ……………… 49, 94, 96, 99, 107
中川昭一 …………………………………… 88, 91
中谷元 ……………………………………… 91
西川公也 ………………………… 33, 35, 60, 91
日欧EPA ………… i, 2, 20, 21, 22, 23, 24, 40
日米貿易協定 ………… i, v, 2, 18, 20, 22, 24,
　　　　　　　 26, 27, 113, 114, 116
農水省（農林水産省） …… 1, 2, 3, 4, 5, 32,
　　　 33, 34, 35, 37, 38, 41, 42, 47, 48, 50, 51, 53,
　　　 54, 56, 57, 60, 61, 65, 66, 67, 68, 69, 70, 71,
　　　 74, 81, 82, 91, 94, 95, 97, 99, 106, 107, 112,
　　　 116, 117

農政トライアングル …… 3, 4, 25, 29, 30, 31,
　　　 32, 33, 34, 35, 37, 41, 61, 63, 65, 66, 68,
　　　 69, 74, 85, 106, 107, 112, 115, 116, 117
農林中金（農林中央金庫） ………… 42, 48
野田佳彦 …………………………………… 21, 34
野呂田芳成 ………………………………… 88

は行

橋本行革 …………………………………… 94, 96
橋本龍太郎 ………………………………… 94
長谷川榮一 ……………………… 75, 95, 102
羽田孜 ……………………………………… 88
林芳正 ……………………………………… 34, 88
藤木真也 …………………………………… 43, 80
二田孝治 …………………………………… 91
保利耕輔 …………………………………… 88, 91

ま行

松岡利勝 …………………………………… 88
萬歳章 ……………………………………… 34, 38
宮腰光寛 …………………………………… 35, 91
宮路和明 …………………………………… 88
メガFTA　 v, 9, 17, 18, 20, 22, 23, 24, 25, 115
本川一善 …………………………………… 71, 97
森山裕 …………………… vi, 34, 35, 59, 91, 110

や行

谷津義男 …………………………………… 88, 91
山田俊男 ………………… 35, 43, 62, 80, 91
山本富雄 …………………………………… 88
郵政選挙 ………………… 53, 87, 88, 101
吉川貴盛 …………………………………… 60, 91

アルファベット

CPTPP（包括的・先進的TPP）協定
………… i , 2, 20, 21, 22, 23, 24, 25, 115
EPA（経済連携協定）… 9, 15, 16, 17, 18, 19
FTA（自由貿易協定）‥ v , 9, 12, 15, 16, 20,
21, 22, 26, 27, 32, 108
RCEP（地域的な包括的経済連携）協定
……………………………………… 22
TPP政府対策本部 ………………… 36, 95, 96
WTO（世界貿易機関）… v , 9, 13, 15, 20, 25,
26, 27

著者紹介

作山　巧 (さくやま　たくみ)
明治大学農学部教授

　1965 年岩手県生まれ。岩手大学農学部卒業、英国ロンドン大学優等修士（農業経済学）、同サセックス大学修士（開発経済学）、青山学院大学博士（国際経済学）。専門は貿易政策論。

　1988 年に農林水産省に入省後、農水省企画室企画官（食料・農業・農村基本法を担当）、外務省OECD日本政府代表部一等書記官（在パリ）、農水省国際経済課課長補佐（WTO農業交渉を担当）、国連食糧農業機関エコノミスト（在ローマ）、農水省国際部国際交渉官（TPP参加協議等を担当）等をへて、2013 年に明治大学に着任し、2018 年から現職。米国カリフォルニア大学訪問研究員を歴任。現在、日本農業経済学会常務理事。

　主な著書は、『食と農の貿易ルール入門—基礎から学ぶWTOとEPA/TPP』（昭和堂、2019 年）、『日本のTPP交渉参加の真実—その政策過程の解明』（文眞堂、2015 年、日本貿易学会奨励賞受賞）、『農業の多面的機能を巡る国際交渉』（筑波書房、2006 年）等。

農政トライアングルの崩壊と官邸主導型農政改革
～安倍・菅政権下のTPPと農協改革の背景～

2021年8月27日　印刷
2021年9月13日　発行©　　　　　　　　定価は表紙カバーに表示しています。

著　者　作山　巧

発行者　髙見　唯司

発　行　一般財団法人　農林統計協会

〒141-0031　東京都品川区西五反田7-22-17 TOCビル11階34号
http:/www.aafs.or.jp

電話　出版事業推進部　03-3492-2987
　　　編　集　部　03-3492-2950

振替　00190-5-70255

The Demise of Agricultural Iron Triangle and Agricultural Policy Reforms led by the Prime Minister's Office: The Root Causes of TPP and Agricultural Cooperative Reform under the Abe/Suga Administration

PRINTED IN JAPAN 2021

落丁・乱丁本はお取り替えいたします。　　　　　印刷　前田印刷株式会社
ISBN978-4-541-04339-9　C3061